LE
MAGNÉTISME ÉCLAIRÉ,

OU

INTRODUCTION

AUX ARCHIVES

DU MAGNÉTISME ANIMAL.

LE
MAGNÉTISME ÉCLAIRÉ,

OU

INTRODUCTION

AUX ARCHIVES

DU MAGNÉTISME ANIMAL,

Par M. le Baron D'HÉNIN DE CUVILLERS,

Maréchal-de-camp. Chevalier de l'Ordre royal et militaire de Saint-Louis. Officier de l'Ordre royal de la Légion-d'Honneur. *Membre* non résident de la Société académique des Sciences. De la Société galvanique. Correspondant de l'Athénée et du Lycée des Arts. Associé correspondant de la Société libre des Sciences, Lettres et Arts. Membre Résident et Secrétaire de la Société du Magnétisme animal. } à Paris.
Membre de la Société des Sciences et des Arts, à Nantes, etc., etc., etc.

L'ignorance des lois de la Nature
Enfanta les faux miracles.
L'AUTEUR, pag. 8.

A PARIS,

Chez les Libr.
BARROIS l'aîné, rue de Séine, n° 10, faubourg St-Germain.
TREUTTEL et WURTZ, rue de Bourbon, n° 17.
BELIN-LE PRIEUR, quai des Augustins, n° 55.
BATAILLE et BOUSQUET, Palais-Royal, galeries de bois.

1820.

IMPRIMERIE DE P. GUEFFIER,

RUE GUÉNÉGAUD, N° 31.

LE
MAGNÉTISME ÉCLAIRÉ,

OU

INTRODUCTION

AUX ARCHIVES DU MAGNÉTISME ANIMAL.

L'ignorance des Lois de la nature enfanta de faux miracles. (Pag. 8.)

LA pratique du MAGNÉTISME ANIMAL, ainsi que le tableau des phénomènes extraordinaires et des guérisons étonnantes que les procédés de cette pratique ne cessent de reproduire tous les jours, offrent de grands attraits à la curiosité. Les merveilles qui surpassent les idées communes et sont attestées par une foule de témoins, entraînent l'attention et soutiennent vivement l'intérêt.

Des relations, des écrits, se sont multipliés à l'infini sur les singulières prérogatives et sur les facultés instinctives et sympathiques qui tiennent à l'organisation des corps vivans, au moyen desquels les êtres animés agissent réciproquement entre eux.

Déjà sur cette matière un grand nombre de volumes, parmi lesquels on distingue quelques ouvrages périodiques, tant en France que dans les autres parties de l'Europe, ont été imprimés et publiés, et semblaient ne pas suffire à l'avidité des lecteurs français et étrangers.

Ce n'est que depuis l'année 1814 seulement qu'il parut successivement à Paris deux ouvrages périodiques sur le Magnétisme animal : ils éprouvèrent de fréquentes interruptions et se trouvent aujourd'hui abandonnés. Ce n'était pas faute de matériaux, dont l'abondance est telle, qu'on pourrait à-la-fois donner l'essor à plusieurs ouvrages périodiques sur cette nouvelle science.

Le premier des deux ouvrages dont je viens de parler était intitulé : *Annales du Magnétisme animal.* Il commença le 1er juillet 1814, fut interrompu en mars 1815, continué en octobre de la même année, et cessa de paraître au 1er janvier 1817.

(3)

Le second ouvrage périodique, sous le titre de *Bibliothèque*, et qui servit de continuation aux *Annales du Magnétisme animal*, parut en juillet 1817 jusqu'au mois de juin 1818. Interrompu à cette époque, il fut continué au mois d'octobre de la même année jusqu'en septembre 1819, qu'il se trouve aujourd'hui abandonné, ou au moins suspendu.

J'ajouterai ici que, lors de la première interruption de cette *Bibliothèque*, depuis le mois de juin 1818 jusqu'en octobre de la même année, je voulus par zèle donner la continuation de cet ouvrage périodique, sous le titre de *Journal du Magnétisme animal*. J'en fis imprimer un numéro à la date du 1.er juillet 1818 ; mais ce journal fut abandonné dès sa naissance, pour des raisons dont il est inutile de rendre compte.

Les différentes interruptions et la discontinuation de ces deux ouvrages périodiques excitèrent de vifs regrets de la part du plus grand nombre des lecteurs de collections (1) aussi précieuses.

____

(1) Les *Annales* et la *Bibliothèque du Magnétisme ani-*

1 *

Des personnages de considération , parmi lesquels on compte des hommes de lettres et des physiologistes d'un mérite distingué, qui souvent consacrèrent leur plume au culte du Magnétisme animal , m'ont invité à entreprendre aujourd'hui un ouvrage périodique pour servir de continuation à la *Bibliothèque du Magnétisme*, dont j'avais déjà dirigé la rédaction en 1817 et 1818.

Fort de l'appui des Savans et des Médecins qui m'offrent leurs lumières et leurs écrits , et en appelant encore à mon secours l'attrait puissant de la curiosité , qui est le gage le plus assuré du succès , je me suis déterminé à faire imprimer ce nouvel ouvrage périodique ; il sera intitulé ARCHIVES DU MAGNÉTISME ANIMAL. J'en présente ici le premier numéro, dont le second est sous presse, et

---

mal forment une collection de huit forts volumes in-8°, d'environ 600 pages chacun. Ils se vendent chez J. G. DENTU, imprimeur-libraire, rue des Petits-Augustins (ancien hôtel de Persan), n° 5 ; et au Palais-Royal, n°ˢ 265 et 266. Il ne reste plus qu'un petit nombre d'exemplaires des *Annales du Magnétisme animal.*

je puis assurer d'être en mesure de pouvoir en publier, sans interruption, au moins douze numéros dans le courant de l'année.

Ces *Archives* sont destinées à recevoir ce qui paraîtra dorénavant sur le Magnétisme animal. J'ai élargi le cadre, dans lequel je me propose de placer tous les écrits qui me seront adressés sur cette matière. Le récit des phénomènes et les relations de guérisons opérées par les procédés du Magnétisme animal y tiendront le premier rang; ils y paraîtront sous la garantie des personnes qui voudront bien nous les transmettre, en consentant à y voir paraître les observations que leurs articles auraient pu faire naître. Nos *Archives* seront le dépôt de toutes les opinions. Ce dépôt doit être considéré comme un être de raison, qui n'adopte ni ne rejette aucun système, aucun principe. Chaque auteur est appelé à y déposer, sur l'objet dont nous nous occupons, le fruit de ses observations et de ses méditations. Les Mémoires de controverses y seront par conséquent reçus ; et si l'attaque y est permise, la défense est de droit pour ceux qui voudront répondre. Nul auteur ne pourra obtenir dans nos *Archives* le privilége d'inviolabilité ; chacun pourra y exercer une critique judicieuse, en s'y renfermant dans les bornes de la modération et des égards. C'est avec des formes décentes qu'on unit au mérite d'avoir raison, celui d'avoir raison avec urbanité.

N'ayant d'autre but que la recherche de la vérité, n'étant dirigé par aucun intérêt particulier, ni par l'esprit de parti, j'accueillerai avec impartialité tous les écrits qui me parviendront sur le Magnétisme animal. Je n'ai en vue que le développement de la science, me défiant également des enthousiastes du Magnétisme et de ses détracteurs. Les uns se laissent tromper par des illusions, par des croyances pour ainsi dire superstitieuses ; dénaturent, par des récits exagérés, les phénomènes qui ne dérivent que de rapports de sensibilité entre des êtres animés, ou par des communications sympathiques dont l'explication n'est point

étrangère aux lois connues de la nature ; se
contentent, enfin, d'observations et d'expériences trop légèrement suivies , faites sans
méthode , sans tenir compte des circonstances et des antécédens qui accompagnent
les faits , mais qui en écarteraient ce merveilleux inexplicable qui met hors des lois
de la nature certains phénomènes attribués
à un Aimant animal , et les placent à
côté des miracles d'un ordre surnaturel.
Les autres , au contraire , détracteurs du
Magnétisme animal , enveloppés du voile
épais des préjugés , ou guidés par des intérêts personnels , veulent juger les procédés
du Magnétisme sans les examiner, et nient
les effets les mieux prouvés , qu'ils con-
damnent et rejettent avec mépris .

La science des procédés du Magnétisme
animal est appelée à nous éclairer, à seconder les efforts de ceux qui cherchent à
sonder l'étendue du pouvoir de la nature.
Cette nouvelle science est destinée à reproduire sous nos yeux des phénomènes jusqu'alors incompréhensibles , qui sans cesse
se manifestèrent depuis que le monde existe.

L'IGNORANCE DES LOIS DE LA NATURE ENFANTA LES FAUX MIRACLES (1). Malheureusement les prodiges et les faux miracles servirent de base à toutes les erreurs religieuses et populaires ; ils donnèrent naissance au fanatisme et à la cruelle intolérance qui, sans pitié, abusant des choses les plus sacrées, allumèrent tant de bûchers au nom d'un Dieu de paix et de charité ; aiguisèrent tant de poignards, commirent tant d'assassinats juridiques, excitèrent tant de guerres de religion, si fécondes en actes de mauvaise foi, en injustices et en atrocités; nous offrant un épouvantable tableau de tous les crimes qui souillèrent l'histoire des peuples abrutis sous le joug de l'ignorance et de la superstition.

« Les phénomènes connus sous le nom » de *Magnétisme animal* (2) fixent depuis

---

(1) Cette phrase sert d'épigraphe à nos *Archives*.

(2) Voyez le Programme adressé par ordre du Gouvernement à l'Académie de Berlin, pour ouvrir, par sa publication, un cours relatif au Magnétisme animal. Cette pièce est insérée dans le *Moniteur* du 22 octobre 1818.

» long-temps l'attention des médecins et
» des physiciens, sans faire néanmoins ces-
» ser le partage de leurs opinions. Il est à
» désirer que ces phénomènes soient pré-
» sentés dans un rapprochement tel, qu'il
» en résulte un jugement définitif. On ne
» se dissimule point que ce problême est
» d'une grande difficulté, parce que les
» phénomènes dont il s'agit ne comportent
» point cette méthode de réitération cons-
» tante et suivie des mêmes expériences,
» qui, dans plusieurs autres branches de
» la physique, conduit l'observateur ha-
» bile et patient à des approximations de
» plus en plus précises. L'état actuel des
» sciences et le grand nombre de faits qui
» ont été relatés pourraient cependant faire
» espérer un résultat certain, si une cri-
» tique judicieuse déterminait les divers
» degrés de croyance que méritent ces re-
» lations, et coordonnait ces faits nou-
» veaux tellement, qu'ils se liassent à ceux
» anciennement connus, et nommément
» aux phénomènes du sommeil, des son-
» ges, du somnambulisme et des diverses
» affections nerveuses. »

Tel est le Programme proposé par le cabinet du Gouvernement prussien à l'illustre Académie de Berlin. Les pièces destinées au concours doivent être adressées à cette Académie avant le 13 octobre 1820, et le prix de 300 ducats d'or est assigné au Mémoire auquel l'Académie aura donné la préférence. Ce Programme exprimait en outre le désir de trouver dans les Mémoires qui lui seraient adressés, un exposé des faits magnétiques dépouillé de tout merveilleux, en les montrant soumis, comme tous les phénomènes, à des lois certaines et non isolées, hors de toute liaison avec les autres phénomènes des êtres organisés.

La Société royale des Sciences à Paris, dont S. A. R. Mg[r] le duc d'Angoulême est *Président perpétuel*, annonça également, dans le Programme des prix qu'elle se proposait de distribuer en 1818, d'accorder une médaille d'or de 400 fr. à l'auteur du Mémoire jugé digne du prix, dont le sujet était de *déterminer l'état des sciences physiques en France au commencement du dix-huitième siècle, et quels en* ont été *les progrès jusqu'à ce jour.* Les auteurs étaient invités à traiter le *Magnétisme animal* dans les Mémoires qu'ils auraient envoyés au concours, et S. A. R. fit connaître, le 27 août 1817, qu'elle donnait *sa pleine et entière approbation* à ce Programme.

Tout nous annonce que des écrivains exercés, que d'habiles physiologistes s'occupent sérieusement de la science dite du Magnétisme animal. On s'étonnera désormais qu'une résistance irréfléchie se soit opposée si long-temps au développement de la doctrine qui tend à nous faire connaître, dans ses diverses apparences, cette faculté instinctive, extraordinaire, qui atteste l'existence d'un mode primitif de perceptions, inhérent à la nature humaine, dans toutes les phases de notre existence. De tout temps il a existé certains faits surprenans que la superstition et le fanatisme attribuaient au démon, mais qui dérivent de la nature. La pratique du Magnétisme animal, qui aujourd'hui nous en donne la clé, se trouve maintenant placée au rang des connaissances les plus relevées, et prend à jamais le titre de science. Elle attend un *Descartes*, un *Newton*, pour dévoiler les lois d'après lesquelles cette faculté instinctive exerce son action réciproque entre les êtres animés. La science du Magnétisme nous apprendra à en diriger, à en modifier, par des moyens naturels ou artificiels, le pouvoir qui semble invisible; elle nous fera connaître jusqu'à quel point ce pouvoir tient à la force physique apparente de nos organes.

Déjà les procédés du Magnétisme animal sont parvenus à un haut degré de perfection. Nous les devons principalement aux savans écrits de M. le marquis de *Puységur*, de M. *Deleuze*, etc., etc. Ils nous ont fait connaître l'efficacité et la force du Magnétisme, se liant, d'un côté, à l'art de guérir, et de l'autre, à la physiologie et à la psychologie. Nous touchons au moment de voir paraître la solution de ces différens problèmes. Cette époque, en répandant un grand jour sur la haute physique, fera disparaître une foule d'erreurs, de préjugés.

(13)

La Physiologie, le flambeau de la vérité à
la main, va devenir le juge éclairé des qualités occultes, tels que la magie, les malé-
fices, les fascinations, les enchantemens, etc.,
que des imaginations exaltées attribuaient
à des causes surnaturelles. Si, jusqu'à présent, la dénomination de Magnétisme animal a choqué beaucoup de savans modernes, qu'importe le mot? Les phénomènes
extraordinaires qui donnèrent naissance à
cette nouvelle science n'en sont pas moins
incontestables, soit qu'ils dérivent de l'*imagination* ou d'un *aimant animal*. Peut-on
mettre en doute que Cicéron, il y a deux
mille ans, n'ait été convaincu de l'existence de pareils faits? Voici comment il
s'exprime (1) :

« Quelque phénomène qui se présente à

---

(1) Ce passage de *Cicéron*, et celui qui va suivre, extrait
de l'*Essai philosophique sur les probabilités*, a été déjà cité
dans le premier et unique numéro d'un journal sur le
Magnétisme animal, que j'ai fait imprimer en juillet 1818;
mais auquel je n'ai pas donné de suite, et qui n'a point été
distribué au public par des raisons dont il est inutile ici de
rendre compte.

» vous, il est de toute nécessité que la
» cause en soit dans la nature ; quelqu'é-
» trange qu'il vous paraisse, il ne peut
» être hors de la nature. Cherchez-en donc
» la cause et tâchez de la trouver si vous
» pouvez; si vous ne la trouvez pas, tenez
» pour constant qu'elle n'en existe pas
» moins, parce qu'il ne peut rien se faire
» sans cause ; et toutes ces terreurs ou ces
» craintes que la nouveauté de la chose
» aurait pu faire naître en vous, repous-
» sez-les de votre esprit, en considérant
» qu'elles viennent de la nature (1). »

De nos jours, un génie du premier ordre
n'a-t-il pas, ainsi que l'illustre Consul
romain, fait les mêmes aveux dans l'un de
ses ouvrages ? Si un homme de ce mérite

---

(1) Quidquid oritur, qualecumque est, causam habeat
à naturâ necesse est : ut etiam si præter consuetudinem
exstiterit, præter naturam tamen non possit existere. Causam igitur investigato in re novâ atque admirabili, si potes;
si nullam reperias, illud tamen exploratum habeto, nihil
fieri potuisse sine causâ, eumque terrorem quem tibi rei
novitas attulerit, ratione naturæ depellito. Cicer., *de Divi-
natione*, lib. II, §. 28, n° 60.

daignait prendre la peine de lire tout ce qui a été écrit sur le Magnétisme animal, de pratiquer cette science, d'en observer attentivement les phénomènes, de les produire lui-même, que ne lui devrions-nous pas ? Il dirigerait nos faibles efforts et débrouillerait le chaos dont nous voulons sortir. Je vais citer le passage important que je viens d'annoncer ; il est tiré d'un ouvrage intitulé : *Essai philosophique sur les probabilités* (1).

« De tous les instrumens que nous pou-
» vons employer pour connaître les agens
» imperceptibles de la nature, les plus
» sensibles sont les nerfs, sur-tout lors-

---

(1) *Essai philosophique sur les probabilités*, troisième édition, 1816, par M. le marquis *de la Place*, Pair de France, Grand-officier de l'ordre royal de la Légion-d'Honneur, l'un des quarante de l'Académie française ; de l'Académie des sciences ; Membre du bureau des Longitudes de France, des Sociétés Royales de Londres et de Gottingue, des Académies des sciences de Russie, de Danemarck, de Suède, de Prusse, d'Italie, etc.

Cet ouvrage se trouve à Paris, chez madame veuve *Courcier*, imprimeur-libraire, rue du Jardinet, n° 12.

» que des causes particulières exaltent
» leur sensibilité..... Les *phénomènes sin-*
» *guliers* qui résultent de l'extrême sen-
» sibilité des nerfs dans quelques indivi-
» dus, ont donné naissance à diverses opi-
» nions sur l'existence d'un nouvel agent,
» que l'on a nommé *Magnétisme animal,*
» sur l'action du Magnétisme ordinaire,
» sur l'influence du soleil et de la lune
» dans quelques affections nerveuses ;
» enfin sur les impressions que peut faire
» éprouver la proximité des métaux ou
» d'une eau courante. Il est très-naturel
» de penser que l'action de ces causes est
» très-faible et qu'elle peut être facilement
» troublée par des circonstances acciden-
» telles. Ainsi, parce que dans quelques
» cas elle ne s'est pas manifestée, *il ne*
» *faut pas rejeter son existence.* Nous
» sommes si loin de connaître tous les
» agens de la nature et leurs divers modes
» d'action, *qu'il serait peu philosophique*
» de nier les phénomènes, uniquement
» parce qu'ils sont inexplicables dans l'état
» actuel de nos connaissances. Seulement,

» nous devons les examiner avec une atten-
» tion d'autant plus scrupuleuse, qu'il
» paraît plus difficile de les admettre. »

On doit remarquer dans ce dernier passage des expressions en quelque sorte favorables à l'opinion de ceux qui croient à la
rabdomancie, c'est-à-dire à la vertu de la
baguette divinatoire ; ainsi qu'à l'existence
d'un fluide particulier appelé *Magnétisme*
ou *Aimant animal*.

Je dis *Aimant animal*, pour établir une
distinction entre ces mots et la pratique du
Magnétisme animal. L'un indique un système, une hypothèse, au moyen desquels
on cherche à établir un fluide particulier
qui agiroit sur des personnes nerveuses.
L'autre indique les procédés qui nous ensei-
gnent à opérer des guérisons plus ou
moins étonnantes, et à produire des phénomènes remarquables que personne n'est
en droit de contester aujourd'hui.

Il résulte de cette distinction, que beaucoup de gens qui croient au Magnétisme,
c'est-à-dire aux effets singuliers que pro-

duisent les magnétiseurs, ne conviennent
pas pour cela d'avoir une croyance aveugle
à la réalité d'un fluide dit *aimant animal*,
qui agirait sur le corps humain sans l'intervention de l'imagination.

Quant à la Rabdomancie (1), l'usage de
la *baguette divinatoire*, qui en est la pratique, n'avait été employé, jusqu'au dix-
septième siècle, que pour la recherche des
métaux ; mais sa puissance devint de plus
en plus merveilleuse, si l'on en croit aux
effets que cette baguette produisit entre
les mains de *Jacques - Aimar Vernay*,
paysan de Saint-Véran, près Saint-Marcel-
lin, en Dauphiné. Cet homme se rendit en
quelque sorte fameux par l'usage de sa
baguette divinatoire, qui était de *coudrier*
ou *noisetier*. Il prétendait découvrir les
eaux souterraines, les métaux enterrés,
les voleurs, les assassins, etc. Le bruit de

----

(1) *Rabdomancie*, mot tiré du grec, de ράβδος (rhab-
dos), verge, baguette ; et de μαντεία (mantéia), divination, ou l'art de deviner par le moyen d'une baguette.

ses talens merveilleux se répandit dans toute la France vers 1690 et années suivantes. On imprima et publia la relation des faits extraordinaires qu'il produisit, et, entre autres, étant à Lyon en 1692, y ayant été conduit sur le lieu même où avait été commis un assassinat, sa baguette à l'instant tourna rapidement. Il suit les coupables à la piste, arrive à Beaucaire ; après un voyage d'environ deux jours sur terre, et de plus de trente heures sur le Rhône, il découvre un des meurtriers qui, après avoir confessé son crime, l'expia sur l'échafaud. Tous les faits publiés sur cet homme extraordinaire furent attestés par des témoignages authentiques. Les uns ne voyaient dans ces prodiges qu'un état naturel et une suite nécessaire des lois du mouvement et de l'existence des émanations qui, selon eux, s'échappent des fontaines, des métaux, et même du corps humain ; d'autres l'attribuèrent à l'influence du démon. Quoi qu'il en soit, le prince Henri-Jules de Bourbon Condé, fils du Grand-Condé, voulut voir l'auteur de tant de prodiges. Il le fit venir à Paris, et la baguette divinatoire de Jacques Aimar y fut mise aussitôt à l'épreuve ; mais elle prit des pierres pour de l'argent ; elle indiqua de l'argent dans un endroit où il n'y en avait pas ; en un mot elle opéra avec si peu de succès, qu'elle perdit bientôt tout son crédit. Les épreuves furent répétées, et, à la grande confusion de Jacques Aimar, la baguette resta immobile. Il avoua que sa baguette était sans pouvoir, et qu'il avait seulement cherché par cette ruse à gagner quelqu'argent.

Environ un siècle plus tard, *Bletton, Pennet* et *Campetti*, renouvelèrent publiquement les prodiges de la baguette divinatoire, appliquée à la recherche des sources et des métaux. Le nombre des hydroscopes (1) ne s'est pas beaucoup multiplié, cependant il en existe encore aujourd'hui qui se

---

(1) *Hydroscopes*. On donne ce nom à ceux qui prétendent avoir la faculté de sentir les émanations des eaux souterraines. Ce mot, dérivé du grec, se compose de ὕδωρ, (*hudor*), eau, et de σχοπίω (*skopeo*), voir, considérer.

prétendent doués de la faculté d'hydroscopie. En France, en Allemagne et en Italie,
des savans même, surtout des médecins, se
sont faits les apologistes de Jacques Aimar
et de Bletton. La Rabdomancie prit les
dehors d'une véritable science, et fut qua-
lifiée par ses partisans, du nom d'électricité souterraine. D'autres la comparèrent
aux phénomènes du galvanisme. Un médecin de mérite, M. le docteur Thouvenel,
dans ses *Mélanges d'histoire naturelle,
de Physique et de Chimie* (1), donne
la dénomination de *fluide nerveux*, à
la cause qui fait agir les *sourciers* ou
hydroscopes; d'autres l'appellent *fluide
électrique animal.* Ces différentes défini-
tions, pour être admises, exigeraient des
expériences rigoureuses, afin de prouver, par des faits incontestables, l'exis-

----

(1) Le docteur P. *Thouvenel*, médecin de l'Université de
Montpellier, ancien inspecteur des eaux minérales et des
hôpitaux militaires de France; Proto-médecin de la pro-
vince d'Alsace; membre de plusieurs Académies; agrégé au
Collége des médecins de Venise, etc.; auteur de plusieurs
ouvrages sur la Physiologie.

tence de ces fluides. On donnerait volontiers la préférence à l'opinion que M. le marquis *de Puységur* a émise (1) au sujet des phénomènes d'hydroscopie, qui furent produits par le sourcier *Bletton*, se disant doué de la faculté de sentir les émanations des eaux souterraines. M. de Puységur considère Bletton « comme sujet à une espèce de crise naturelle. Il prétend qu'un hydroscope, dans son état de crise, ne découvre les sources que par la sensation qu'il éprouve à l'approche de ces eaux souterraines, comme s'en est assuré le docteur Thouvenel; dès-lors il est impossible au *sourcier* de s'y tromper; mais sitôt que son état de crise diminue, ses sensations analogues diminuent de même, et il rentre dans la classe commune à tous les hommes. Si on

---

(1) Voyez à la page 179 de la 3ᵉ édition, Paris, 1820, des *Mémoires pour servir à l'histoire et à l'établissement du Magnétisme animal*, par A. M. J. *de Chastenet*, marquis de Puységur. 1 vol. in-8°. Chez J. G. *Dentu*, imprimeur-libraire, rue des Petits-Augustins, n° 5.

se sert alors de lui pour découvrir les sources, il doit être sujet à se tromper, et c'est ainsi qu'on l'a vu plusieurs fois être en contradiction avec lui-même. La raison en est simple, c'est qu'on ne peut se faire une idée d'une sensation qui n'existe plus, encore moins se conduire d'après une sensation passée. »

« La même chose (suivant M. de Puységur) s'observe chez les somnambules qui atteignent au moment de la guérison ; leurs sensations perdent peu-à-peu leur susceptibilité, et leurs indications sont beaucoup moins sûres que dans l'état de maladie plus ou moins grave. »

La science de la rabdomancie semble aujourd'hui abandonnée, ou du moins n'être plus de mode. Cependant quelques personnes s'en occupent encore. Quant à l'opinion qu'on doit avoir sur le fond de la question, elle est nécessairement subordonnée à l'expérience. Il est possible qu'il s'échappe, des corps fluides ou des corps métalliques, des émanations qui agissent sur le système nerveux de certains individus, de manière à les avertir de la présence de ces substances. Quelques-uns prétendent que voir ou sentir sans le secours de l'organe de la vue, a quelque rapport à la faculté que les partisans du Magnétisme animal accordent à des somnambules lucides, de voir aussi sans le secours des yeux, et dépendrait d'une vertu inhérente à l'organisation du corps humain. Des faits positifs manquent encore pour prouver cette propriété, et les vrais physiciens n'ont jamais pu amener les hydroscopes et leurs partisans à une seule épreuve rigoureuse, dont ces derniers se soient tirés avec honneur.

J'ai cru pouvoir me permettre ici cette digression sur la rabdomancie et sur les hydroscopes, non que je veuille renouveler les discussions qui ont eu lieu sur cette matière, mais parce que j'y trouve quelques rapports avec le Magnétisme animal, dans la manière dont cette science de la baguette divinatoire a été d'abord accueillie, défendue avec enthousiasme, puis attaquée, et enfin presque rejetée. Elle se trouve, ainsi que le Magnétisme, peu sus-

ceptible d'être prouvée par des expériences, qui, dans les autres branches de la
physique, conduisent l'observateur à une
démonstration évidente et rigoureuse.

Je reviens à mon sujet, dans l'intention de faire observer que les Philosophes,
les Savans, et principalement les Physiologistes, reconnaissent aussi des phénomènes
les plus singuliers et des guérisons les plus
étonnantes, mais opérés par le pouvoir de
l'imagination. Ils conviennent encore que
les procédés d'*attouchement* pratiqués par
les Magnétiseurs, et indépendamment de
l'opinion de ceux-ci sur la réalité du fluide
qu'ils appellent *Aimant animal*, peuvent produire les mêmes effets; mais
les physiologistes rejettent en tout ou
en partie les phénomènes et les guérisons magnétiques défigurés par des récits
remplis d'exagération.

Ces faits, auxquels les enthousiastes donnent un caractère miraculeux, obtiennent
quelque crédit par la tendance du commun des hommes à accorder une croyance

aveugle à tout ce qui est merveilleux.
On a vu même des personnes recommandables par leur probité, leur mérite, leur esprit, et la considération dont ils jouissent dans le monde, mais qui, pour la plupart, n'ayant pas assez approfondi les sciences, ni acquis assez de connaissances en physiologie, se laissent fasciner les yeux par des apparences illusoires. Ils se trompent les premiers avant d'induire en erreur les hommes simples ou crédules qui croient sur parole des observateurs trop peu clairvoyans, mais d'ailleurs très-respectables. Ces observateurs ne voulant point employer une méthode expérimentale dans les procédés qu'ils mettent en pratique, poussent leurs scrupules jusqu'à blâmer les expériences qu'on voudrait faire avec précaution sur des somnambules lucides. Ils en font un cas de conscience. On dirait, à tort sans doute, qu'ils craignent de troubler l'erreur dans sa marche, et de rencontrer la vérité. Cependant la pratique du Magnétisme animal, pour avancer vers

le terme de sa perfection, doit encore être long-temps une science d'observations. L'expérience mène également à la découverte de l'erreur et de la vérité ; elle doit servir à nous préserver de l'une, et à distinguer l'autre. Une erreur reconnue est souvent une vérité acquise.

Il est encore certains enthousiastes qui, redoutant apparemment de ne pas se tirer avec honneur des expériences auxquelles des hommes sans préjugés ont voulu assister, prétendent que la présence d'un incrédule empêche la réussite des phénomènes magnétiques. Cela pourrait être vrai, si on ne prenait les précautions nécessaires pour ne pas troubler l'imagination du somnambule auquel on laisserait apercevoir le dessein de lui faire subir une épreuve ; mais en poussant trop loin le refus de tenter un pareil examen, ce serait s'exposer aux reproches qu'on fit anciennement aux Prêtres des faux dieux, qui, de tout temps, mus par différens intérêts personnels, voulurent en imposer à la crédulité des peuples, et rendre odieux ceux qui ne voulaient pas ajouter foi aux oracles et aux prodiges dont on exigeait la croyance. Ces prêtres, après avoir échoué devant des observateurs clairvoyans, et plutôt que de convenir de leurs erreurs et de leurs supercheries, s'enveloppèrent des voiles du mystère, donnèrent aux incrédules le nom odieux de *profanes*, et prirent grand soin de ne plus les laisser approcher. C'est pourquoi, au moment où ils commençaient leurs exercices, ils criaient : *Procul este*, *profani*. (Profanes, retirez-vous d'ici.) C'est pour la même raison qu'autrefois les Epicuriens furent déclarés incapables d'être initiés aux mystères ; on les congédiait, ainsi que les Chrétiens, avec beaucoup de précautions, avant que les prêtres consentissent à laisser parler les oracles ou à mettre en usage leurs procédés. Lorsqu'enfin le nombre des incrédules s'accrut au point de ne plus oser leur refuser l'entrée des temples, les Prêtres déclarèrent que la présence de tant de personnes impies les empêchait de faire des miracles , et était la cause pour laquelle la divinité refusait de parler.

Je suis bien éloigné de comparer les enthousiastes du Magnétisme animal aux Prêtres des faux dieux ; mais ne suis-je pas en droit de leur faire les honneurs d'une nouvelle découverte , celle d'un *fluide de l'incrédulité*, auquel ils suppose-roient un effet si prodigieux , comme si les miracles ne leur coûtaient rien ? Cependant je ne veux pas les accuser d'attribuer tous ces faits extraordinaires à des causes sur-naturelles. Ne devraient-ils pas du moins réfléchir que le vulgaire ne prend pas le change à cet égard , et que les superstitieux et les fanatiques feraient leur profit d'une telle doctrine ?

Il serait bien à regretter de voir la science des procédés du Magnétisme animal prendre une aussi fausse direction ; ce serait admettre une superstition d'un nouveau genre , si on reconnaissait aussi légèrement un pouvoir hypothétique , un

agent occulte qui ne devrait son existence qu'à l'illusion, ses titres qu'à des faits impossibles à vérifier ; et ces faits n'auraient pour garans que des enthousiastes qui soumettent leur raison à la foi qu'ils ont vouée à l'aimant animal. Si on devait s'en rapporter à ceux qui partagent les faiblesses de l'esprit humain, en accordant plus de foi à ce qu'ils croient qu'à ce qu'ils voient, ils nous replaceraient bientôt sous le joug de la superstition qui de tout temps entrava le génie et repoussa les lumières ; ils nous feraient oublier cette belle leçon de *Cicéron*, qui nous dit d'une manière positive (1) : *Quidquid oritur, qualecumque est, causam habeat a natura necesse est ; ut etiam si præter consuetudinem extiterit, præter naturam tamen non possit existere, etc.* « Quelque phé-
« nomène qui se présente à vous, il est de
« toute nécessité que la cause en soit dans la
« nature ; quelqu'étrange qu'il puisse vous

______

(1) Voyez le passage en entier aux pages 13 et 14 qui précèdent.

» paraître, il ne peut être hors de la nature. »

Une chose bien remarquable devrait cependant faire ouvrir les yeux à ceux qui soutiennent la réalité de l'aimant animal, et lui accordent la faculté d'opérer des prodiges appartenant jusqu'à présent au domaine de l'imagination. Cette réflexion sérieuse que je leur soumets est pour les inviter à faire plus d'attention à l'opposition constante des Philosophes, des Savans, des Physiologistes, qui, en général, se sont toujours refusés à reconnaître l'existence de ce fluide occulte non démontré, et dédaignent de s'en occuper. Ce fluide n'a donc pas encore acquis le droit de partager avec l'imagination la faculté de produire des phénomènes de psycologie et de physiologie curative, qui, au surplus, ne sont pas contestés. On en conclura que le monde savant veut des vérités positives avant d'entrer dans une discussion sérieuse.

On doit d'ailleurs observer que la plupart des bons magnétiseurs s'occupent moins du système que de la pratique du Magnétisme animal. Combien y en a-t-il qui, par

leurs procédés, obtiennent des effets merveilleux, opèrent des guérisons étonnantes,
sans prétendre pour cela en assigner la
cause à un fluide qui sortirait de leurs mains
ou du bout de leurs doigts, ou de telle
autre partie du corps, plutôt que de l'attribuer au pouvoir connu de l'imagination !
Ceux qui disent : Je crois au Magnétisme
animal, parce que j'en ai vu, j'en ai res-
senti les bons effets, n'assurent pas tous
qu'ils croient au système de l'*aimant animal*. Ce n'est pas d'ailleurs nuire à la pratique de cette science, que d'élever des
doutes sur l'existence de ce nouvel aimant,
ou même de le nier ou d'en ajourner la
croyance jusqu'à ce que des faits prouvés
par des expériences rigoureuses en aient
démontré la réalité.

Je présenterai encore des réflexions qui
ne sont pas hors de propos, relativement
à la dénomination de *Magnétisme animal*; je dirai que l'habitude semble avoir
consacré cette dénomination, d'une part,
pour désigner la pratique des procédés,
qui, depuis Mesmer, est devenue la

science ou plutôt l'art d'opérer des guérisons et de produire de nos jours des
phénomènes qui se lient à la physiologie et
à la psycologie; et de l'autre côté, pour proclamer le système non encore démontré de
l'existence d'un aimant animal. Le mot de
Magnétisme a donc, sous ce point de vue,
deux acceptions. La plus naturelle donne
l'idée de cet aimant animal, nouveau fluide
invisible, pour la vérification duquel on
demande des faits positifs, prouvés par des
expériences rigoureuses. Le même mot
semble avoir une acception détournée,
également consacrée par l'usage. Cette seconde acception annonce en effet, une
pratique et des procédés qui de tout temps
ont existé naturellement ou artificiellement avec plus ou moins de perfection,
et qui, faute d'avoir une définition assez
précise, prennent aujourd'hui la dénomination de *Procédés du Magnétisme animal*, ou *Action réciproque entre des êtres
vivans*. J'ai dit plus haut que des Magnétiseurs expérimentés, dans la vue de soulager l'humanité souffrante, se sont voués

spécialement à cette pratique dite du *Ma-gnétisme*, et ne prétendent pas tous sou-tenir le système de la réalité de cet aimant animal. J'en dirai autant de la plupart des écrivains érudits qui se sont livrés à des recherches historiques sur cet objet. Ils ont constaté les faits les plus extraordinaires ; ils en ont retrouvé la trace jusque dans la plus haute antiquité ; et en démontrant le naturalisme de ces faits, ils ont véritable-ment contribué aux progrès de la science du Magnétisme animal : mais comme ils n'ont pas traité *ex professo* la question contestée, relative à l'existence de ce fluide occulte, on ne peut pas les taxer d'avoir une opinion fixe à cet égard. Je donne-rai pour exemple les crises des Sybilles, qui ont une grande ressemblance avec celles de nos somnambules. Ces crises étaient provoquées par des émanations, par des vapeurs ou des exhalaisons de substances enivrantes, ainsi que par les différens procédés des Prêtres qui, pour abuser de la crédulité des hommes, avaient soin de façonner et d'exalter l'imagination

des crisiaques par des instructions et des
notions précédentes, relatives aux événemens sur lesquels on consultait les Sybilles
pour en obtenir des oracles. Dira-t-on
que les différens phénomènes de prévision, de divination, que nous offrent
les Sybilles, devaient être attribués à un
aimant animal? N'est-il pas évident que
tous ces faits sont du domaine de l'imagination?

De toutes les réflexions que je viens de
présenter, il doit nécessairement en résulter
de la part des partisans du Magnétisme animal, l'obligation de se prononcer sur le point
qui est en contestation, et de se partager
en deux classes distinctes. L'une compren-
dra celui qui, pénétré d'une foi vive, ba-
sée sur sa propre conviction, soutiendra
avec intrépidité la réalité d'un aimant animal, en dépit des Philosophes, des Savans
et des Physiologistes, qui tous se refusent
d'y croire, jusqu'à ce que des faits incontestables aient démontré l'existence de ce
fluide occulte. L'autre classe se composera
de ceux qui, attachant de l'importance à

la pratique des procédés dits du Magnétisme animal, en attribuent provisoirement au pouvoir immense de l'imagination les effets extraordinaires dont l'explication n'est pas étrangère aux lois connues
de la nature.

Si les philosophes s'abstiennent depuis
long-temps, ainsi qu'on doit le remarquer,
d'entrer en lice avec des hommes pleins de
ferveur et animés d'une foi vive pour la
défense de l'aimant animal, ce silence annonce véritablement qu'ils regardent le
procès jugé, quant au fond, dès 1784, par
les rapports de la Faculté et de la Société
de Médecine de Paris ; mais sans approu-
ver les procédés de quelques médecins,
dont la conduite n'a pas été entièrement
exempte de reproches, tels que d'avoir nié
l'existence d'une partie des faits qu'ils n'ont
pas observés avec bonne foi ; de ne pas
avoir posé avec précision l'état de la question, de ne l'avoir pas réduite à un seul
point de contestation ; d'où il est souvent
résulté, faute de s'entendre, des disputes
pleines d'aigreur ; de s'être en quelque

sorte déclarés plutôt les ennemis de la pratique du Magnétisme animal , que du système sur lequel il était basé ; de s'être laissés conduire par un esprit de parti , par un esprit de corps , qui les ont souvent entraînés à des démarches imprudentes , impétueuses , dirigées par la passion ; d'avoir adopté des formes arbitraires ; de s'être enfin permis des rigueurs inquisitoriales contre plusieurs de leurs confrères qui avaient montré de l'intérêt en faveur des procédés du Magnétisme animal , ou qui avaient osé les mettre en pratique.

Cependant je me plais à rendre ici un témoignage éclatant d'estime pour les nobles procédés d'un des savans médecins (1) honorés de la confiance du Gouvernement et chargés en 1784 de l'examen du Magnétisme animal. Cet illustre médecin ne vou-

---

(1) M. DE JUSSIEU (Antoine-Laurent) , célèbre médecin ; membre de l'ancienne Académie des Sciences ; de la Société Royale de Médecine ; Membre de l'Institut ; Chevalier de l'Ordre de Saint-Michel ; auteur de plusieurs savans ouvrages, et digne neveu de l'illustre Bernard DE JUSSIEU. Il fit imprimer en 1784 un Rapport particulier pour l'examen du

lant pas sans doute partager la passion et l'esprit de parti dont ses collègues étaient animés, ni s'associer aux actes arbitraires et aux persécutions qu'ils exercèrent contre des médecins à l'époque de la découverte de Mesmer, refusa de signer les rapports de la Faculté et de la Société de Médecine à Paris, concernant le Magnétisme animal. Il se détermina à publier à la même époque un Rapport particulier sur cet objet. On y trouve des aperçus savans, des idées extrêmement justes, d'après lesquels il est aisé de juger sainement le fond de la question. On ne peut enfin se refuser d'en conclure que tous les effets surprenans de psychologie et de physiologie qui, observés de tout temps, se reproduisent plus particulièrement par la pratique dite du *Magnétisme animal*, déri-

---

Magnétisme animal, dont la conclusion est que l'homme peut produire sur son semblable une action sensible par le contact, et quelquefois par un simple rapprochement à distance; mais l'auteur attribue cet effet a l'émanation de la chaleur animale et à l'imagination, plutôt qu'à un fluide magnétique non encore démontré.

vent de l'immense pouvoir bien connu de l'imagination, plutôt que de l'attribuer à un fluide magnétique animal qui n'est pas encore démontré. Ce Rapport précieux décèle un homme de génie et un savant profond dans toutes les connaissances physiologiques. Si on veut méditer cet écrit, on y trouve l'explication des faits les plus compliqués, produits par les procédés du Magnétisme animal ; de ces phénomènes, dis-je, qui ont prêté le plus aux illusions. Ce Rapport, ainsi que ceux de la Faculté et de la Société de Médecine, m'ont inspiré la volonté d'entreprendre un ouvrage destiné à reviser certains écrits qui contiennent des erreurs et beaucoup d'inutilités proclamées avec importance.

Depuis la publication des *Rapports* bien remarquables dont je viens de parler, plusieurs Physiologistes, comme juges naturels de tout ce qui concerne les opérations de la nature, se chargèrent de combattre les partisans de l'aimant animal. Si autrefois, à l'époque à laquelle Mesmer parut en France, quelques médecins se donnèrent des torts en persécutant ceux de leurs confrères qui aperçurent dans la pratique dite du *Magnétisme animal*, un objet digne du plus haut intérêt, il n'en est pas de même aujourd'hui, et il est libre à tout médecin, sans encourir comme autrefois l'indignation des chefs de l'Ecole de Médecine, de s'occuper du Magnétisme animal, de l'observer, de le pratiquer et de publier des écrits sur l'avantage qu'on pourrait en retirer. Les Physiologistes en général n'en persistent pas moins à nier l'existence de ce nouveau fluide, comme n'étant pas prouvée ; mais ils conviennent tous de la réalité de la plupart des faits extraordinaires produits par la pratique des procédés dits du *Magnétisme*, et les attribuent non à cet aimant, à ce fluide occulte, mais au pouvoir, pour ainsi dire sans borne, de l'imagination.

Je pourrais présenter ici de nombreux témoignages, et les moins équivoques, pour appuyer ce que je viens d'avancer ; je me contenterai de citer le passage suivant, tiré du *Dictionnaire des Sciences médi-*

cales, tom. xxiv, à l'article des Effets de l'imagination sur nos corps, et des Guérisons étonnantes non contestées qu'elle a de tout temps opérées. Il y est dit, page 52 : *Et plus près de nos jours,* Mesmer, *ainsi que ses successeurs, ont obtenu des guérisons que personne n'est en droit de nier.*

Les Philosophes, les Savans et les Physiologistes sont, ainsi que les partisans de l'aimant animal, tous d'accord sur l'existence des faits. Alors le grand procès intenté au Magnétisme animal se réduit à un seul point sur lequel l'opinion des uns et des autres se trouve partagée. Ce serait ici le moment de poser la question avec clarté et précision ; j'en laisse le soin à des personnes plus habiles que moi, et je vais essayer d'exposer tour-à-tour les prétentions de chacune des deux parties.

Les partisans du Magnétisme animal *d'un côté*, sans méconnaître le pouvoir de l'imagination produisant des effets pour ainsi dire miraculeux, croient aussi à la réalité d'un aimant qui rivalise ce pouvoir de l'imagination , et le surpasse même par une prérogative inouie, celle de remuer la matière au moyen d'un seul acte de la volonté, et sans l'intervention des sens , ni de l'imagination.

Virgile a dit : MENS AGITAT MOLEM, et les partisans de l'aimant animal voient dans ces trois mots l'apologie de leur croyance.

Pour comprendre Virgile et saisir sa pensée lorsqu'il créa ce beau vers ,

Mens agitat molem , et magno se corpore miscet.

il faut lire ce qui le précède et ce qui le suit.

En prenant au pied de la lettre les expressions du poète latin, le mot *Mens*, qui, dans tous les auteurs anciens (1), est pris pour l'âme, l'esprit, la raison, la volonté, donnerait à entendre que l'âme, tandis qu'elle est

____

(1) On peut s'en convaincre dans le Dictionnaire latin de Rob. Etienne, imprimé à Bâle, 1741 , en quatre vol. in-fol. Voyez au tom. III., pag. 150 et suiv.

unie à un corps, et par un seul acte mental, pourrait exercer une action sur un autre corps vivant, et le faire mouvoir et agir à volonté. Je dirai en outre qu'il existe des partisans zélés de cette doctrine, qui vont encore plus loin. Ils prétendent qu'avec *une foi assez vive pour transporter les montagnes*, l'âme ou la volonté peut faire mouvoir la matière inerte, celle qui n'est point du règne animal. C'est ce que je m'engage à publier par la suite.

D'après cette opinion, il n'est pas étonnant que des écrivains aient adopté depuis environ quarante ans, pour épigraphe de leurs ouvrages, le vers de Virgile, *Mens agitat molem*, etc.

Pour mettre à cet égard le public à portée de juger ce poète célèbre, je vais ici transcrire en entier, avec sa traduction, le passage dont il est question. Il commence au 719ᵉ vers du vıᵉ liv. de *l'Enéide*. Ce beau morceau offre une interlocution entre *Enée* et son père *Anchise*. Celui-ci dévoile à son fils les plus profonds secrets de la nature. Il sera d'ailleurs curieux d'entendre Virgile, qui vivait soixante-dix ans avant Jésus - Christ, parler de l'immortalité de l'âme, d'un paradis et d'un enfer. D'autres y verront sans doute ce fluide qui pénètre les substances des trois règnes *Animal*, *Végétal* et *Minéral*, désigné par des hommes de génie sous le nom de *fluide universel*, dont, à leur avis, l'une des propriétés est de se communiquer d'une substance à une autre du même règne, et prétendent encore que cette communication se fait aussi d'une sub-stance à une autre, de règne différent.

O pater, anne aliquas ad cœlum hinc ire putandum est
720. Sublimes animas, iterumque in tarda reverti
Corpora ? Quæ lucis miseris tam dira cupido ?
Dicam equidem ; nec te suspensum, nate, tenebo :
Suscipit Anchises, atque ordine singula pandit.
Principio cœlum, ac terras, camposque liquentes,
725. Lucentemque globum Lunæ, Titaniaque astra,
Spiritus intus alit ; totamque infusa per artus
MENS AGITAT MOLEM, et magno se corpore miscet.
Inde hominum pecudumque genus, vitæque volantum,
Et quæ marmoreo fert monstra sub æquore pontus.
730. Igneus est ollis vigor et cœlestis origo
Seminibus, quantùm non noxia corpora tardant,
Terrenique hebetant artus moribundaque membra.
Hinc metuunt, cupiuntque, dolent, gaudentque ; neque auras
Dispiciunt, clausæ tenebris et carcere cæco.

735. Quin et supremo quum lumine vita reliquit,
     Non tamen omne malum miseris, nec funditus omnes
     Corporeæ excedunt pestes; penitusque necesse est
     Multa diu concreta modis inolescere miris.
     Ergo exercentur pœnis, veterumque malorum
740. Supplicia expendunt. Aliæ panduntur inanes
     Suspensæ ad ventos : aliis sub gurgite vasto
     Infectum eluitur scelus, aut exuritur igni :
     Quisque suos patimur manes ; exinde per amplum
     Mittimur Elysium, et pauci læta arva tenemus ;
745. Donec longa dies, perfecto temporis orbe,
     Concretam exemit labem, purumque reliquit
     Ætherium sensum, atque auraï simplicis ignem.
     Has omnes, ubi mille rotam volvêre per annos,
     Lethæum ad fluvium deus evocat agmine magno,
750. Scilicet immemores supera ut convexa revisant,
     Rursus et incipiant in corpora velle reverti.

Traduction par Jacques DELILLE (1).

O mon père, est-il vrai que dans des corps nouveaux,
De la prison grossière une fois dégagée,
L'âme, ce feu si pur, veuille être replongée ?
Ne lui souvient-il plus de ses longues douleurs ?
Tout le Léthé peut-il suffire à ses malheurs ?
    Mon fils, dit le vieillard, dans leur source profonde
Tu vas lire avec moi ces grands secrets du Monde.
Ecoute-moi. D'abord une source de feux,
Comme un fleuve éternel répandue en tous lieux,

---

(1) DELILLE (Jacques), l'un des plus grands poètes que la France
ait produits ; né près Clermont en Auvergne le 22 juin 1738, mort à
Paris le 1er mai 1813.

De sa flamme invisible échauffant la matière,
Jadis versa la vie à la nature entière,
Alluma le soleil et les astres divers,
Descendit sous les eaux et nagea dans les airs :
Chacun de cette flamme obtient une étincelle.
C'est cet esprit divin, cette âme universelle
Qui, d'un souffle de vie animant tous les corps,
De ce vaste univers fait mouvoir les ressorts ;
Qui remplit, qui nourrit de sa flamme féconde
Tout ce qui vit dans l'air, sur la terre et sous l'onde.
De la Divinité ce rayon précieux,
En sortant de sa source est pur comme les cieux :
Mais s'il vient habiter dans des corps périssables,
Alors dénaturant ses traits méconnaissables,
Le terrestre séjour le tient emprisonné ;
Alors des passions le souffle empoisonné
Corrompt sa pure essence ; alors l'âme flétrie
Atteste son exil et dément sa patrie ;
Même quand cet esprit, captif, dégénéré,
A quitté sa prison, du vice invétéré
Un reste impur le suit sur son nouveau théâtre ;
Long-temps il en retient l'empreinte opiniâtre ;
Et, de son corps souffrant éprouvant la langueur,
Est lent à recouvrer sa céleste vigueur.
De ces âmes alors commencent les tortures :
Les unes dans les eaux vont laver leurs souillures,
Les autres s'épurer dans des brasiers ardens,
Et d'autres dans les airs sont le jouet des vents :
Enfin chacun revient, sans remords et sans vices,
De ces bois innocens savourer les délices.
Mais cet heureux séjour a peu de citoyens :
Il faut pour être admis aux Champs-Elysiens,
Qu'achevant mille fois sa brillante carrière,
Le soleil à leurs yeux ouvre enfin sa barrière.
Ce grand cercle achevé, l'épreuve cesse alors.
L'âge ayant effacé tous les vices du corps,

Et du rayon divin purifié les flammes,
Un dieu vers le Léthé conduit toutes ces âmes :
Elles boivent son onde, et l'oubli de leurs maux
Les engage à rentrer dans des lieux tout nouveaux (1).

Le passage que nous venons de citer n'est pas le seul dans lequel Virgile ait exposé sa doctrine sur les âmes. Il pense que l'âme des hommes et celles des bêtes, comme étant des portions de l'âme universelle, de cette âme immense répandue en tous lieux, dans les airs, sur la terre et dans la mer, sont une partie de la Divinité ; que les âmes enfin ne meurent jamais, et qu'après la dissolution des corps vivans, les âmes qui les animaient vont se réunir à leur principe. C'est du moins l'opinion qu'exprime ce poète payen dans le beau tableau où il décrit la conduite merveilleuse des abeilles et les traits surprenans de leur intelligence. Voyez le liv. iv des *Géorgiques*, depuis le 219e vers jusqu'au 227e. En voici la copie, suivie de sa traduction :

----

(1) *Eneïde*, liv. vi, traduit par *J. Delille*. Edition in-8º de Michaud. Paris, 1804. Tom. 2, pag. 313.

219. His quidam signis, atque hæc exempla secuti,
    Esse apibus partem divinæ mentis, et haustus
    Ætherios, dixere : deum namque ire per omnes
    Terrasque, tractusque maris, cœlumque profundum.
    Hinc pecudes, armenta, viros, genus omne ferrarum,
    Quemque sibi tenues nascentem arcessere vitas :
    Scilicet huc reddi deinde ac resoluta referri
    Omnia ; nec morti esse locum ; sed viva volare
227. Sideris in numerum, atque alto succedere cœlo.

Traduction par Jacques Delille.

Frappés de ces grands traits, des sages ont pensé
Qu'un céleste rayon dans leur sein fut versé :
Dieu remplit, disent-ils, le ciel, la terre et l'onde ;
Dieu circule partout, et son âme féconde
A tous les animaux prête un souffle léger :
Aucun ne doit périr ; mais tous doivent changer ;
Et retournant aux cieux en globes de lumière,
Vont rejoindre leur être à la masse première.

Quant à l'interprétation donnée par les partisans de l'aimant animal aux expressions de *Mens agitat molem*, je laisse au lecteur à prononcer sur le sens qu'on doit y donner, ainsi que sur les intentions qu'on semble prêter à Virgile. Si ce poëte célèbre pouvait revivre de nos jours, serait-il juste de le reléguer dans la société des vrais

croyans du fluide occulte de l'aimant animal, et supposer qu'il se déciderait à adopter la doctrine de ceux qui soutiennent
que l'*esprit*, la *volonté*, l'*âme*, unis au
corps, et sans l'intervention des sens, ni
de l'imagination, puissent, par un seul
acte mental, faire mouvoir et agir la matière ?

Ceux qui croient à l'aimant animal pro-
noncent, sans hésiter, que des êtres animés étant dans un rapport intime et par-
fait, peuvent se communiquer entre eux
sans l'intervention des sens, parce que,
disent-ils, il y a une sympathie et une
confusion de volonté telles, qu'on pourrait comparer cette *confusion mentale* à
une âme qui commanderait deux corps
à-la-fois. Un système aussi étrange récla-
merait des faits rigoureusement prouvés ;
mais les enthousiastes du système de l'aimant animal, séduits par les illusions de
leur imagination, ne veulent point d'expériences ; ils aiment mieux, pour ainsi dire,
se tromper que de rester dans l'incertitude ;
mais l'irréflexion les livrant aux erreurs,

ils renoncent à la raison et adoptent en principe ce qui est encore en question. Le génie de la superstition, qui transforme tout en prodiges, leur inspire une croyance aveugle à des miracles qui n'existent que par l'exagération de ceux qui les racontent. Le doute devrait au moins suspendre chez eux un jugement aussi précipité. Le doute est l'école de la vérité. On ne doit croire que ce que la raison nous démontre. Il faut en tout consulter la raison et suivre ses conseils, plutôt que d'ajouter foi à des faits invraisemblables, *fussent-ils attestés par des milliers de témoins.* Les faits qui dépendent de la physiologie ne se démontrent presque jamais par des témoins, mais par des expériences. Il n'est pas étonnant qu'on ait employé tour-à-tour les armes du raisonnement et du ridicule pour repousser cette nouvelle espèce de superstition du Magnétisme animal, qui commençait déjà à peser sur l'esprit humain, et à s'entourer d'un nombre assez imposant de prosélytes et d'enthousiastes, d'autant plus difficiles à détromper, que l'absurdité même des faits miraculeux servait d'aliment à leur crédulité, et en fortifiait les motifs à leurs yeux. Si les faits du Magnétisme animal ne sont pas susceptibles de preuves démonstratives, ces sortes de phénomènes ne peuvent prévaloir contre la vérité démontrée du pouvoir immense de l'imagination. Quelque bien prouvé que soit un fait, il n'est jamais aussi évident qu'un axiôme de géométrie; il ne faut donc pas mettre dans la même catégorie les faits que la physique et la raison démentent, avec ceux qui s'accordent avec la raison et la physique. Tout système qui demande à être vérifié par des expériences ne doit pas être d'abord adopté avec opiniâtreté. C'est en multipliant des expériences qu'on doit rencontrer la vérité ou reconnaître l'erreur. Jusqu'à présent le système de l'aimant animal ne repose que sur des idées vagues, sur des analogies trompeuses, et sur des chimères que l'esprit prend pour des principes et des vérités. Des essais souvent répétés sem-

4*

blaient devoir produire des preuves admissibles ; mais je n'ai jamais vu ni entendu
parler d'expériences faites avec méthode ;
car les observations isolées et sans liaisons
ne suffisent pas, et sur-tout quand on omet
le détail des circonstances et des antécédens
dont chaque fait doit nécessairement être
entouré. Combien de fois ai - je remarqué
jusqu'à quel point les vrais croyans au
Magnétisme animal mettent d'attention
à taire tout ce qui nuit à leurs opinions, et à s'opposer aux expériences dont
le résultat pouvait être contraire à leur
système, ou du moins à en dévoiler le côté
faible ! Ils semblent craindre tout ce qui
pourrait faire changer de face aux phénomènes dont ils auraient pu écarter le merveilleux avec une méthode expérimentale
dirigée par la raison. De tels observateurs
sont trop indulgens en faveur de leurs préjugés, et glissent trop légèrement sur les
circonstances qui accompagnent les faits.
Ils ne songent guère à interroger la nature,
et encore moins à lui proposer des objec-

tions. En suivant avec précipitation une aussi mauvaise route, plus on marche vîte, plus on s'égare.

S'il fallait se livrer à une croyance sans bornes, telle que l'exigent impérieusement ceux qui nous racontent avec tant d'assurance des faits inadmissibles, dont eux seuls sont les témoins, il faudrait faire le sacrifice de sa raison et arborer l'étendard d'une foi aveugle qui nous ferait admettre sans réclamation, sans critique, des phénomènes magnétiques; que dis-je? des prodiges d'un ordre supérieur, des miracles, enfin, qu'on ne pourrait attribuer qu'à des causes surnaturelles : par exemple, le phénomène que nous offrent ces Somnambules magnétiques, ayant les yeux couverts d'un bandeau, et qu'on assure avoir la faculté de lire mot à mot un livre fermé, une lettre cachetée, un billet écrit renfermé dans une boîte, etc., et renchérissant sur ce prodige inoui, d'obtenir le même effet en posant seulement ce livre, cette lettre, ce billet, sur l'épigastre de ces crisiaques si clairvoyans. Ce n'est pas tout, on peut faire mouvoir, agir, marcher à volonté, par un seul acte mental, avec des gestes qu'on appelle *passes*, ou sans gestes, une personne en crise avec laquelle on est en rapport. On parvient encore à faire voyager l'imagination du somnambule sur lequel on exerce une influence magnétique; on lui ordonne de se transporter à des distances plus ou moins éloignées, même au-delà des mers, pour y voir matériellement ce qui s'y passe, et en rapporter dans le même moment des nouvelles exactes, ainsi qu'on l'a, dit-on, souvent vérifié. C'est encore un jeu pour un somnambule de deviner le sexe de l'enfant dont une femme est grosse. C'est une espèce de jeu *à pair ou non*; il n'est pas étonnant que la prédiction se soit vérifiée quelquefois : mais combien de bévues à ce sujet dont j'ai été témoin, et dont on ne rend pas compte! Le meilleur conseil à donner à tout somnambule qui voudrait ne jamais se tromper à cet égard, serait de répondre toujours avec un ton d'assurance : *C'est un garçon, si ce n'est pas une fille.* La formule de cet oracle infaillible appartient à un des hommes les plus célèbres dans son genre (1), qui parfois se mêle aussi d'être somnambule. Je pourrais donner la nomenclature vraiment curieuse d'une infinité d'autres miracles non moins étonnans, dont il serait sans doute ridicule d'amuser ici mes lecteurs. Trop souvent j'ai été condamné à entendre raconter de pareils prodiges dont on peut lire des relations imprimées et publiées. Je ne puis enfin me dispenser de qualifier de phénomène cette *assurance* même avec laquelle des faits si invraisemblables sont proclamés par un certain nombre d'honnêtes gens. Ceux-ci, cependant, attestaient ces faits comme indubitables, fréquens et si ordinaires, qu'il fallait être de mauvaise foi pour les nier, tandis qu'il était, disaient-ils, si facile de les produire soi-même, ou de s'en rendre témoin. J'ai voulu, et j'en conviens comme on avoue une faiblesse, vérifier moi-même ces prodiges. Je me suis mis en rapport avec quelques

______

(1) Potier l'inimitable.

somnambules qu'on m'assurait être doués de facultés aussi singulières. J'ai vu opérer ; j'ai opéré ; j'ai observé attentivement et avec bonne foi, et je n'ai rien vu.

La déclaration que je viens de faire d'après mes propres expériences, paraîtra sans doute bien inconvenante à ceux qu'une conviction portée au plus haut degré a entraînés dans une croyance invariable en faveur de la réalité du fluide de l'aimant animal. Pour m'excuser, s'il est possible, à leurs yeux, j'atteste n'avoir la prétention de juger ici que les phénomènes soumis à mes observations. Je m'abstiens de prononcer sur les autres faits que des hommes plus éclairés sans doute, ont jugé suffisamment prouvés pour servir de base à leur conviction.

Je vais déployer des lettres de créance d'après lesquelles je me suis cru en droit, de me donner mission en ce qui concerne le magnétisme animal. Mon but est de poursuivre l'erreur et de me livrer à la recherche de la vérité. Je n'ai, il est vrai, consulté que mon zèle et non mes moyens.

Je me résigne d'avance à être taxé par les
deux partis, d'avoir entrepris une tâche au-
dessus de mes forces, soit dans l'attaque,
soit dans la défense. Quoi qu'il en soit, si
je me trompe en repoussant un système
qui manque de preuves admissibles, je suis
toujours disposé à me soumettre, lorsque
des faits incontestables, et des expériences
rigoureuses que j'ai provoquées inutile-
ment, ne permettront plus de les révoquer
en doute.

Les lettres de créance dont je veux parler
sont les observations constantes que le hasard m'a pour ainsi dire obligé de faire
dans le courant de ma vie sur des phénomènes de psycologie. J'en ai été d'abord
témoin jusqu'à satiété dès mon enfance,
pendant quinze années environ. Durant cet
espace de temps assez long, on m'a conduit
presque tous les jours aux séances des Con-
vulsionnaires dits de *Saint-Médard*, dont
les convulsions, qui ont beaucoup d'analogie
avec nos somnambules magnétiques, prirent naissance sur le tombeau du célèbre

diacre *François* DE PARIS (1). Ce pieux ecclésiastique vécut comme un saint, se livrant sans réserve aux pratiques rigoureuses de la pénitence la plus austère. Des faits, des phénomènes extraordinaires non simulés, pareils à ceux qui se trouvent racontés dans une foule de relations imprimées, et particulièrement dans l'ouvrage de M. CARRÉ DE MONTGERON (2), se sont passés sous mes yeux. Très-jeune encore, je fus éclairé par l'ouvrage d'un habile médecin, M. HECQUET (3), auteur du *Naturalisme des convulsions*. Je m'étais procuré cet excellent ouvrage sans le consentement des personnes qui présidaient à mon instruction. Mais, hélas! ce livre fut livré aux flammes. Je le dis ici

---

(1) PARIS (François de), né en 1690, mort en 1727; fils d'un conseiller au Parlement de Paris.

(2) M. CARRÉ DE MONTGERON, conseiller au Parlement de Paris, auteur d'un ouvrage intitulé : *La Vérité des miracles opérés par l'intercession de M.* DE PARIS. 2 vol. in-4°. 1737.

(3) HECQUET (Philippe), né à Abbeville en 1661, mort en 1737.

sans amertume, car je ne puis m'empêcher de conserver, sous d'autres rapports, un souvenir de respect pour l'auteur de cet autodafé. Je n'en contractai pas moins le goût de lire tout ce qui pouvoit avoir rapport aux phénomènes de Physiologie et de Psycologie. Je mis à contribution, autant qu'il me fut possible, les livres qui traitent de la magie, de la sorcellerie, des fascinations, des charmes, des enchantemens, des talismans et amulettes, des divinations, des prévisions, et de toutes les facultés occultes dont les hommes peu instruits ne peuvent comprendre le naturalisme, et qu'ils attribuent si facilement à des causes surnaturelles. Lors de la découverte de Mesmer, je fus un des premiers à lire les imprimés qui en rendirent compte au public. Dès cette époque, je fus à portée d'observer des faits de Magnétisme animal, tant en France qu'en pays étranger. La carrière active que j'ai poursuivie, m'a empêché pendant plusieurs années de m'en occuper plus particulièrement. Ce n'est qu'en 1813 que mes loisirs me permirent

de m'y livrer avec assiduité. J'ai vu pratiquer, et moi-même j'ai mis en pratique,
les procédés du Magnétisme. J'ai été témoin d'une infinité de faits magnétiques
bien intéressans. J'ai toujours fait partie de
la Société du *Magnétisme animal* à Paris,
et j'en suis le Secrétaire depuis quatre
années environ. L'institution de cette
Société avait pour but de rechercher la
nature du Magnétisme, et d'en constater les effets. J'ai parcouru presque tous
les livres qui ont été publiés sur cet
objet, et j'en possède une grande partie ; j'y ai vu beaucoup d'écrivains en-
visageant la pratique du Magnétisme sous
un faux point de vue, et s'égarer dans
les vaines théories d'un système faux.
J'ai pensé qu'on pourroit en tirer un
meilleur parti, celui de faire connaître
le naturalisme de tous les phénomènes de
psycologie (1); et loin de créer une nou-

____

(1) *Psycologie*, s. f., tiré des mots grecs ψυχή (psychi),
âme, et de λόγος (logos), discours, *c'est-à-dire* discours
ou traité sur l'âme.

velle superstition qui bientôt deviendroit la source intarrissable de jongleries magnétiques, on pourrait, au contraire, au moyen de cette pratique, démasquer l'ancienne superstition qui engendra tant de fourberies ; désarmer l'abominable intolérance, qui aime à s'abreuver de sang humain en commettant des cruautés religieuses ; éclairer les hommes, les rendre meilleurs et diminuer les maux qui affligent l'humanité. Si j'ai osé écrire sur cette matière, ce n'est pas dans l'intention d'adresser mes écrits aux Savans et aux Médecins : ils n'en ont pas besoin ; mais je les soumets aux magnétiseurs qui, ainsi que moi, ont, pour la plupart, bien peu approfondi les sciences, et sont, faute d'instruction, plus exposés que d'autres à se laisser séduire par les illusions de leur imagination, et à s'abandonner à l'enthousiasme que leur inspire la vue de quelques phénomènes devenus incompréhensibles et inexplicables, par des récits exagérés. Je fais une grande distinction entre de tels prodiges et les autres phénomènes non moins étonnans de physiologie et de psycologie, reconnus et avérés par les Philosophes, les Savans, et par les Médecins les plus habiles. Ces phénomènes, de l'aveu de ceux-ci, dérivent de l'imagination et ne peuvent qu'être soumis aux lois connues de la nature. Penser autrement, ce serait s'imposer la nécessité de recourir à des théories vagues, à des systèmes non démontrés qui ne peuvent produire que des erreurs et des absurdités.

Je ne puis revenir de ma surprise, lorsque je réfléchis à l'extrême facilité avec laquelle un nombre assez considérable d'hommes qui ont reçu de l'éducation, adoptent, sur le Magnétisme animal, des opinions et un système contestés d'une manière positive par la majorité de ceux qui composent le monde savant. Tôt ou tard de pareilles opinions et les faits dont on les étaye, seront qualifiés d'absurdes, si on ne les justifie par des preuves admissibles qui, depuis si long-temps, ont été en vain réclamées. Je conçois que celui qui est ennemi de toute application, adonné à son

plaisir, puisse croire des faits merveilleux qu'il ne s'est pas donné la peine de
vérifier ; mais il est impossible qu'il ne se
rencontre parmi ceux que je viens de désigner, un esprit méditatif, susceptible
d'écouter les conseils de la raison et de
sentir les conséquences de sa crédulité.

Qui sait si quelques – uns de ceux
qui soutiennent avec tant d'opiniâtreté la
réalité du fluide de l'aimant animal, et des
effets miraculeux qu'ils lui attribuent, n'auraient pas, pour soutenir leurs opinions,
recours à d'autres systèmes spécieux, tels
les inductions qu'on pourroit tirer de l'extrême divisibilité de la matière ? Préten-
draient-ils que la matière fût susceptible de
devenir aussi tenue, aussi rare, aussi subtile
que la pensée, que la volonté, que l'âme
même ? Admettant la matière arrivée à ce
haut degré de ténuité, voudraient-ils être
autorisés, d'un côté, à *spiritualiser* la matière, et, de l'autre, à *matérialiser* l'esprit ? Supposeraient-ils, d'après cette hypothèse, que l'esprit et la matière, confondus, unis, et devenus en quelque sorte de

même nature, pourraient, en vertu de cette homogénéité, exercer réciproquement une action l'un sur l'autre? Voilà, si je ne me trompe, un beau système, mais qui, bien certainement, est entaché de matérialisme. Toutefois, si telle étoit l'opinion *nécessaire* de ceux qui croyent à un fluide invisible, dont les êtres animés seraient tous doués à des degrés d'intensité plus ou moins grands, avec la propriété, par un seul acte de la volonté, d'agir sur d'autres corps vivans, sans contact, sans l'intervention des sens ni de l'imagination, alors ceux qui adopteraient une doctrine aussi hardie, mériteraient d'être soupçonnés de penser comme les matérialistes grecs *Leucippe* (1), *Démocrite* (2) et *Epicure* (3), qui disaient que l'âme était

---

(1) *Leucippe*, né en Thrace, célèbre philosophe grec, disciple de Zénon, vivait 428 ans avant J.-C. ; il inventa, le premier, le fameux système des atômes et du vide, développé ensuite par *Démocrite* et *Epicure*.

(2) *Démocrite*, né à Abdère dans le Thrace, l'an 362 avant J.-C. ; il fut disciple de *Leucippe*, et mourut âgé de 109 ans.

(3) *Epicure*, né dans l'Attique, l'an 342 avant J.-C. ; mort âgé de 72 ans.

composée d'atômes de matière ; ou comme *Spinosa* (1), matérialiste moderne, qui ne reconnaissait que la matière, lui attribuait la propriété de connaître et de penser, et admettait des sensations dans certaines portions de matière dûment organisées. Cependant mon intention n'est pas de soutenir des allégations aussi odieuses ; je suis d'ailleurs trop persuadé qu'aucun de ceux contre lesquels je semble les diriger, ait prévu les conséquences qui découlent naturellement de leurs prétentions. Je ne me porte pas accusateur. *Locke* (2), qui, avec toute sa sagesse, ne démontre rien et doute de tout, a bien eu la hardiesse de dire : *Qui sait si Dieu n'a pas pu rendre la matière pensante ?*

Sans pousser plus loin un reproche qui

____

(1) *Spinosa*, savant philosophe, né à Amsterdam en 1632, mort en 1677 ; fils d'un juif portugais. Il soutint ouvertement l'athéisme, qu'il réduisit en système.

(2) *Locke* (Jean), né près Bristol en 1632 ; un des plus profonds méditatifs que l'Angleterre ait produits ; auteur de plusieurs ouvrages, et entre autres de son beau *Traité de l'Entendement humain.*

n'est pas sérieux de ma part, je répéterai
que les partisans de l'aimant animal ne
donnent pour preuves de son existence
que des faits observés par eux seuls. Ces
faits sont, il est vrai, appuyés de témoignages imposans. Une foule de personnages d'un mérite distingué, d'une probité reconnue, et incapables de vouloir en
imposer, les attestent, disent en avoir été
souvent témoins, et les avoir produits
eux-mêmes par la pratique des procédés du Magnétisme animal : ils en sont
tous si persuadés, que quelques-uns
blâment sérieusement celui qui ose
en douter et demande à voir pour
croire. Ils vont jusqu'à le taxer de manquer, par ses dénégations, aux égards
et à la civilité. Les témoignages dont je
viens de parler sont bien respectables sans
doute ; mais en ce qui concerne les sciences,
celui qui voudrait prouver un système
nouveau, ou justifier une opinion contestée, ne pourrait être admis à se retrancher
à l'abri des convenances de société. Il est
vrai que la politesse nous impose la loi

de nous abstenir de nier les faits les plus
incroyables, devant les personnes qui les
racontent en les certifiant, et de pousser la courtoisie jusqu'à paraître y ajouter foi par un silence poli, susceptible
d'être interprêté comme une approbation
tacite. Tels sont les procédés que j'ai bien
souvent mis en pratique.

Il n'en est pas de même, lorsqu'il s'agit
d'entrer dans une discussion sérieuse, faite
de vive voix ou par écrit, sur un point de
science contesté : alors la vérité doit l'emporter sur toute autre considération, et nul
ne peut exiger qu'on le croie sur parole.
Il en est de même pour des faits invraisemblables et pour des expériences rigoureuses,
sur-tout lorsque les personnes intéressées
à les prouver avouent l'impossibilité de
les reproduire à volonté.

Il n'est que trop d'exemples, dans l'histoire des sciences, qui prouvent que des
hommes de génie et profonds dans plusieurs autres connaissances humaines, se
soient laissés cependant séduire par des illusions, jusqu'à soutenir avec entêtement

de faux systèmes et des opinions erronées. Pourquoi donc, en attendant des faits décisifs sur le Magnétisme animal, ne serait-il pas permis, sans manquer à la politesse, de soupçonner aussi l'effet de l'influence des illusions sur l'imagination des partisans de l'aimant animal? Cette influence ne serait-elle pas aussi un fluide? Je suis, dans ce sens, disposé à croire à tous les fluides possibles. Je rends également hommage au système du fluide universel, qui offre des idées sublimes déjà adoptées par des hommes de mérite. Encore est-il vrai que le Magnétisme n'est pas assez éclairé du flambeau de l'expérience, pour se guider avec sûreté dans le vaste empire des hypothèses.

Après avoir discuté les prétentions des partisans de l'aimant animal, je passe à l'opinion de ceux qui ne veulent pas en admettre la réalité. Les Philosophes et les Savans, en général, reconnaissent aussi des phénomènes les plus extraordinaires de physiologie et de psycologie; mais ils les attribuent au pouvoir immense de l'imagination, par conséquent aux lois de la nature, jusqu'à présent connues. En effet, ce qui parle aux sens et remue l'imagination, tel que le bruit, les émanations et tous les objets qui se présentent à notre vue, produisent des sensations sur les corps vivans. Les sortiléges sont les rêves d'un esprit blessé, et la magie ouvre un champ libre aux écarts de l'imagination. L'attirail de cette magie consiste dans les charmes, les enchantemens, les talismans et les amulettes. Je placerai dans la même catégorie les arbres, les baquets, et l'eau, magnétisés, et tous les autres objets, comme anneaux, mouchoirs, billets de papier blanc ou écrit, etc., auxquels des somnambules ou des magnétiseurs prétendent, au moyen de certains gestes de la main, infuser une vertu particulière, un fluide enfin qu'ils appellent magnétique, qui émane de leur propre corps, et qui est susceptible de se modifier suivant la volonté. Cette modification à volonté est véritablement un nouveau miracle. Les magnétiseurs en sont prodigues comme on voit. Ils paraissent ne pas en sentir les conséquences. Il en est de même des reliques de personnages non canonisés. Les autres causes qui agissent sur nos sens et qui ont produit tant d'illusions dans l'i-magination des partisans de l'aimant ani-mal, sont la sympathie et l'antipathie, qui, si souvent, produisent des effets subits et surprenans entre deux êtres qui se voient pour la première fois. L'amour, l'amitié et la haine en sont l'expression. C'est dans ces deux sentimens, la sympathie et l'an-tipathie, que se trouve le principe du bien et du mal qu'un corps vivant peut produire sur un autre corps vivant, par la seule in-fluence réciproque que le pouvoir de l'imagination met en jeu entre les êtres animés. L'homme doué d'une plus grande force de volonté et d'un plus grand courage, en impose à son ennemi par un coup-d'œil, par un atti-tude fière et menaçante, et sa présence seule semble enchaîner toutes les facultés de son adversaire. Les animaux carnassiers com-mandés par un véhément appétit, arrêtent leur proie et la frappent de terreur par un regard fixe. La perdrix ne peut plus s'envoler, le lièvre perd l'usage de ses jambes, et le crapaud agité de mouvemens convulsifs par la vue d'un reptile, arrive, comme malgré lui, jusques dans la gueule du serpent qui, immobile, mais l'œil étincelant, l'attend pour le dévorer. Le crapaud lui-même, à son tour, par un regard affreux, fait tomber l'homme en syncope. J'ai connu dans la Suisse, en 1811, un prêtre à qui cela est arrivé. Un médecin du pays m'a certifié le fait; il l'a fait imprimer dans un ouvrage dont il m'a fait présent et que je possède. Que d'exemples encore de personnes nerveuses et délicates, qui tombent en crise, ou se trouvent mal, à la vue d'une araignée, d'une souris, etc. etc.!

On pourrait pousser plus loin un exposé d'effets d'imagination de ce genre; mais il suffit de convenir qu'on entend par Magnétisme animal l'action réciproque que tout être animé en général exerce sur un autre être animé par le moyen des sensations que les sens qui constituent l'organisation des corps vivans reçoivent, pour les transmettre à l'imagination. Cette action a lieu chez les hommes entre eux, ou bien entre les animaux seulement, ou enfin entre les hommes et les animaux. S'il est démontré que cette action réciproque s'opère par l'imagination, ainsi qu'on vient de l'expliquer, il est alors entièrement inutile de recourir à un fluide idéal qui sortirait du bout de nos doigts, et dont on n'a jamais pu donner de preuves évidentes. Un pareil système nous entraînerait, comme malgré nous, à admettre des croyances aussi absurdes qu'elles sont erronées. C'est en écoutant la raison qu'il sera moins difficile de comprendre comment un homme doué d'une grande puissance de caractère, d'une grande force de volonté, peut commander impérieusement, renverser tous les obstacles, et soumettre toutes les autres volontés par la supériorité de son génie. C'est dans ce sens qu'on pourrait dire *mens agitat molem;* car c'est véritablement l'esprit, l'âme et l'imagination, qui remuent la matière, sans contact, mais en commandant à d'autres

êtres vivans de se mouvoir, d'agir et d'obéir
à l'impulsion que nous leur donnons par
un acte matériel de notre volonté. Il en
est de même chez les animaux auxquels
la nature a imprimé ce caractère de vio-
lence indomptable. C'est alors que l'animal féroce, instruit par son instinct,
frappe de terreur et rend immobile, par un
regard foudroyant, et à des distances plus
ou moins grandes, la proie vivante qu'il a
fixée, et qui, à l'instant, perdant pour ainsi
dire toutes ses facultés, se soumet sans résistance à son vainqueur et lui sert de pâture.

De tels effets, incontestablement naturels, ne sont-ils pas bien étonnans? ne
donnent-ils pas la clé ou l'explication
des charmes, des enchantemens, des
sortiléges, des obsessions, des malé-
fices et de toutes les sorcelleries de la
magie, dont la superstition et l'ignorance
se sont de tout temps emparés pour les
transformer en miracles d'un ordre surnaturel? Les causes dont je viens de parler ne
sont pas sans doute les seules qui dans la nature ne cessent de produire des phénomènes

physiologiques et psycologiques, et en présentent des effets variés et multipliés à l'infini.

Je dois également faire mention de quelques effets singuliers d'émanations animales dans la Gymnote et dans la Torpille (1), ainsi que dans certaines espèces d'insectes du genre des Charansons et des Coccinelles (2). Quelques magnétiseurs en

---

(1) Les espèces de la *torpille*, sorte de poisson, sont assez nombreuses. La *torpille* donne de l'engourdissement à celui qui la touche, soit immédiatement, soit avec un bâton, ce que les physiciens attribuent à une sorte d'électricité:

La *gymnote*, ou anguille tremblante de Surinam, parvient jusqu'à 5 pieds de long. Elle peut tuer à distance des poissons, et même des hommes qui se baignent, en dirigeant sur eux sa décharge électrique qui, ainsi que dans la torpille, agit par une action nerveuse qui tient à l'organisation de ces poissons.

Ces différens effets extraordinaires se trouvent rapportés en détail dans plusieurs ouvrages publiés par des naturalistes les plus habiles, et le Docteur Virey, savant médecin, en a rendu compte dans le *Dictionnaire des Sciences médicales*, à l'art. *Magnétisme animal*, T. 29, p. 524 et 525.

(2) Les *charansons* et les *coccinelles* sont des insectes coléoptères.

Un professeur de mathématiques, à Pise, le docteur *Ranieri Gerbi*, publia à Florence, en 1794, un Mémoire sur

ont à tort voulu tirer des inductions favorables au système du fluide magnétique

---

un insecte du genre des *charansons*, qui se trouve sur les chardons. Il lui donne le nom de *anti odontalgicus*, parce qu'en écrasant entre les doigts une douzaine de ces insectes, et les tenant jusqu'à ce que l'humidité en soit évaporée, les doigts s'imprégneront, selon cet auteur, pendant plus d'un an, de la vertu singulière d'apaiser sur-le-champ la douleur que cause une dent cariée, en la touchant seulement plus ou moins de fois, et pendant quelques minutes. Si la douleur revient, il faut faire plusieurs attouchemens.

D'autres médecins italiens crurent reconnoître les mêmes vertus a des charansons d'autres espèces, savoir, le charanson du *Bouleau* et celui de la *Jacée*, ainsi qu'à des insectes de plusieurs autres genres, tels que des *scarabées*. Ces médecins sont les docteurs *Comparini*, *Cipriani* et *Zuccagni*.

Le docteur *Carradori* et le dentiste *Hirsch*, attachés à la cour de Weimar, accordèrent aussi la même propriété à différens coléoptères, pour produire le même effet, et entre autres à l'insecte nommé *coccinella septem-punctata*.

Le docteur *Chaumeton*, savant médecin, et l'un des collaborateurs du *Dictionnaire des Sciences médicales*, dans son article du *Charanson*, tom. IV, p. 539, remarque que cette vertu des insectes est *tout-à-fait illusoire*. D'ailleurs, si des épreuves accompagnées de succès avaient pu accréditer une pareille opinion, on doit croire que l'imagination et la confiance y ont joué le principal rôle, de même que la crainte de l'instrument du dentiste, quelquefois, enlève sur-le champ une cruelle *rage de dent*.

animal. Les notes ci - jointes mettront
le lecteur à portée d'en juger par lui-
même.

Les enthousiastes du Magnétisme animal
ne peuvent donc pas ou ne veulent pas comprendre que les procédés du Magnétisme
tendent tous à émouvoir l'imagination des
magnétisés. Ce n'est pas le fluide qui s'é-
chappe du bout des doigts, qui produit le
sommeil magnétique ; mais c'est le regard
fixe du magnétiseur, qui fatigue et endort la
personne sur laquelle il veut exercer une
action ; il y ajoute des gestes ou *passes*, qui
souvent effrayent, ou au moins causent
une vive émotion, et doivent paraître bien
extraordinaires à ceux qui y sont soumis
pour la première fois. S'il en résulte un
sommeil appelé *magnétique*, c'est un fait
bien naturel qui se reproduit souvent,
et que personne ne conteste. Jusque-là
il n'est pas nécessaire de supposer une
émission de fluide matériel qui s'échapperait d'un magnétiseur pour porter à distance des sensations dans le corps des personnes qu'ils prétendent magnétiser à leur

insu , ou les faire agir par un acte mental.

Mais voici un autre miracle. Le magnétiseur prétend pouvoir agir, au moyen de son fluide, sur le somnambule bien endormi, ayant les yeux collés. Il vous dira : Je puis à volonté commander à ce somnambule , le faire mouvoir, marcher et agir : il me suffit de vouloir et d'étendre la main sans bruit, et le charme opère. Cette expérience que je cite entre beaucoup d'autres, est bien simple et facile à vérifier. Cependant jusqu'à présent aucun magnétiseur n'a pu jamais la produire devant des hommes sans préjugés. J'ai assisté souvent à de pareilles expériences ; mais la manière dont elles ont toujours été exécutées ne m'a laissé qu'un souvenir de pitié. Si on voulait exiger de mettre un bandeau sur les yeux du somnambule , cette proposition étoit toujours rejetée comme désobligeante et impolie. Jamais les enthousiastes de l'aimant animal n'ont voulu se soumettre à une méthode expérimentale , et jusqu'au mot *expérience* leur inspire de la répugnance ; ils vont jusqu'à proclamer dans leurs discours et dans leurs ouvrages imprimés qu'il faut avoir la foi magnétique pour voir, pour croire et pour opérer les miracles magnétiques. Ils invoquent le témoignage des vrais croyans qui, d'ailleurs, sont en bien petit nombre, comparativement à la majorité des incrédules. Le calcul en serait effrayant, si l'on plaçait d'un côté le petit troupeau des adeptes du Magnétisme animal, et de l'autre tous les Philosophes, tous les Savans, tous les Physiologistes, et enfin tous les gens instruits, qui ne peuvent s'empêcher de vouer au ridicule les miracles non prouvés du Magnétisme animal. On doit y joindre une classe d'hommes qui croient aux revenans, et pensent que des Esprits peuvent revenir de l'autre monde avec le pouvoir de jouer sur terre un rôle matériel, et de se permettre une infinité d'espiègleries pour effrayer et tourmenter les humains ; par exemple, de tirer pendant la nuit les rideaux d'un lit, de traîner de grosses chaînes de fer dans les greniers, etc. Une partie de ceux qui croyent aux revenans se placent donc dans les rangs ennemis contre les magnétiseurs thaumaturges : ils ont assurément bien mauvaise grâce. C'est peut-être par jalousie de métier, s'ils refusent aux magnétiseurs le droit de faire des miracles; mais tout est compensé, car parmi les croyans aux Esprits il en est aussi qui croyent aux prestiges magnétiques, qu'ils attribuent au démon. Ils s'en autorisent pour dénoncer les magnétiseurs comme sorciers et suppôts du diable, et les feraient charitablement rôtir, s'ils en avaient le pouvoir. Les magnétiseurs, au contraire, loin de s'en fâcher, font leur profit de cette accusation, qu'ils mettent au nombre des preuves incontestables de leurs miracles magnétiques.

Il faut en convenir, les causes qui agissent et réagissent entre des êtres vivans, et qui en éprouvent réciproquement les effets, ont bien quelqu'analogie éloignée avec la manière dont l'aimant minéral exerce son action sur le fer. Sous ce point de vue, il ne répugnerait peut-être

pas de conserver la dénomination de *Magnétisme animal*, ainsi que je l'ai déjà dit,
pour désigner les procédés qui mettent en
jeu les causes dont nous venons de parler.
Toutes ces causes servent à étendre le domaine de l'imagination, à corroborer son
pouvoir, mais non à prouver la réalité d'un
aimant animal, qui exercerait une action
réciproque entre des êtres vivans, sans
l'intervention des sens.

Quiconque douterait du pouvoir incal-
culable de l'imagination, ignorerait jusqu'où s'étend son empire, en méconnaîtrait
les effets surprenans, pourra s'en instruire
dans une infinité d'excellens ouvrages publiés par les philosophes, les savans et par
les plus habiles médecins. Qu'il ouvre
le *Dictionnaire des Sciences médicales*,
l'une des créations de l'esprit humain
qui fait le plus d'honneur à la France,
et qui, destinée à faire connaître les progrès de la science, lui a élevé un monument digne de l'état de splendeur dont
brillent aujourd'hui toutes les connaissances
humaines : il y verra la preuve de ce que

j'avance. Ceux qui n'ont fait aucunes études en physiologie, et qui osent s'ériger en juges sur cette matière, devraient lire et relire ce Dictionnaire à jamais célèbre. Ils y puiseraient au moins quelques notions les plus nécessaires pour rectifier leurs idées et se former le jugement. Je vais en citer un passage, qui proclame ce pouvoir étonnant de l'imagination. Il y est dit, tome xxiv, page 16 : « S'il est dans notre système intel-
» lectuel une puissance admirable par son
» éclat, son étrange mobilité, son énergie
» pour disposer de toutes nos facultés, de
» toutes nos passions, c'est sans contredit
» l'imagination. Son empire est si étonnant,
» qu'on l'a vue guérir sur-le-champ des ma-
» lades aux portes du tombeau, et frapper
» soudain de mort l'homme le plus furieux.
» Elle opère, à proprement parler, *de vrais*
» *miracles* ; elle est la reine du système
» nerveux, tant elle domine toutes les
» puissances de la sensibilité..... L'étude
» de l'imagination devient d'une si haute
» importance pour le médecin comme
» pour le philosophe, et cette faculté joue

» un si vaste rôle dans toutes les opéra-
» tions de l'entendement humain, qu'il est
» peut-être téméraire d'oser en retracer le
» tableau. »

Tout magnétiseur accessible à la raison doit s'humilier à la vue de ce magnifique tableau, tracé de main de maître.

Oh! combien le système d'un fluide miraculeux, et non prouvé, se rapetisse ou plutôt s'anéantit devant la majesté souveraine et incontestable de l'imagination! Depuis trop long-temps ce prétendu fluide, repoussé par tous les savans, accueilli par l'ignorance et la crédulité, se traîne en redoutant la lumière, et s'efforce en vain de produire des titres controuvés. Les hommes sensés partisans du Magnétisme, réclament une réforme en France et en pays étranger. Ils sentent la nécessité d'en distinguer le *système* d'avec la *pratique*. L'homme sans préjugés, qui est porté d'inclination à mettre en usage les procédés dits du Magnétisme animal, par un motif de charité, dans la vue de faire le bien, de soulager son semblable, au moral comme au physique, de

guérir les maladies; celui-là, dis-je, ne
veut plus qu'on lui décerne ce titre ridicule de thaumaturge (1); à Dieu seul appartient la faculté de faire des miracles. Il
n'est d'effets miraculeux que ceux que
Dieu, qui est pur esprit, produit par sa
volonté; c'est de lui seul qu'on peut dire :
mens agitat molem. Mais qu'un être vivant
dont l'âme est enchaînée dans un corps,
prétende *remuer aussi la matière* par un
seul acte mental de sa volonté, n'est-ce pas
un attentat contre la prérogative divine?
Si des saints ont été délégués par la Divinité pour faire des miracles, cette croyance
religieuse, qui exige nos respects et notre
vénération, se trouverait froissée par la doctrine du Magnétisme animal. Les magnétiseurs, qui s'arrogent le droit de faire des
miracles sans prouver leur mission, sans
vouloir qu'on examine les faits, ni qu'on

---

(1) *Thaumaturge*, faiseur de miracles, mot tiré du grec
et composé de θαύμα (thauma), *merveille*, *miracle*, et
de ἔργον (ergon), *ouvrage*, et ἐργάζομαι (ergazomai),
faire, *opérer*.

6*

les vérifie, qui exigent qu'on les croie sur parole, n'est-ce pas là une prétention démesurée, que ceux qui me liront pourront qualifier comme ils le jugeront à propos ?

Les enthousiastes du système de l'aimant animal vous disent : Croyez avant de voir, ayez la foi au Magnétisme pour y croire ; et, vous présentant des miracles, ils vous ordonnent d'y ajouter foi d'après le témoignage de ceux qui ont voué une croyance aveugle au Magnétisme. Si vous leur demandez des preuves, ils vous répondent : Pratiquez vous-même le Magnétisme, persuadez-vous bien que vous pouvez faire des miracles, et vous les opérerez. On les engage à faire des expériences soumises à une méthode, on leur demande la permission d'assister à leurs opérations miraculeuses ? Ils vous signifient que les expériences sont impossibles, qu'ils doivent s'y refuser, et ils s'en font un cas de conscience. L'incrédulité, disent-ils, et jusqu'au doute, ou une simple hésitation, fait manquer les miracles magnétiques. Ils vont plus loin, ils vous disent que c'est *par l'ignorance, et non par la science, qu'on peut prouver ces miracles et répandre la lumière sur les phénomènes du Magnétisme animal.* Si on insiste et qu'on ose encore douter de la réalité de leurs miracles, si on leur témoigne qu'on n'est pas convaincu de la justesse de leurs raisonnemens, ils vous accablent de leur indignation et vous reprochent de manquer aux convenances. Peut-on voir des symptômes plus marqués de superstition et de fanatisme !

Toutes les allégations dont je viens de faire un exposé fidèle, sont tirées des ouvrages imprimés de ceux qui soutiennent le plus imperturbablement le pouvoir occulte et miraculeux de l'aimant animal ; je pourrais les appuyer de citations précises. D'autres se sont déjà en partie acquittés de cette tâche ; mais les bornes de cet écrit ne me permettent pas, quant à présent, d'entrer dans de plus grands détails.

Je dois ici prévenir que l'incrédulité de ceux qui refusent leur croyance aux opérations des magnétiseurs thaumaturges, ne porte que sur les miracles magnétiques, et non sur les autres phénomènes bien assez extraordinaires de physiologie et de psyco·logie que les magnétiseurs peuvent également opérer, et qui dérivent de l'imagination. Cette distinction est nécessaire pour prévenir les reproches non fondés que les docteurs du dogme de l'aimant animal ne cessent de reproduire en accusant leurs adversaires de nier des faits incontestés. On ne cessera aussi de leur répéter qu'on ne veut pas nier les phénomènes, mais seulement les miracles magnétiques, pour lesquels on demande des preuves si constamment refusées par l'impossibilité de les administrer. Les partisans du Magnétisme animal devraient cependant montrer plus de reconnaissance pour les concessions qui leur ont été faites à ce sujet. Ils doivent s'apercevoir que les physiologistes s'accordent aujourd'hui à convenir des effets manifestes de communications par enthousiasme, par séduction, par imitation, ainsi que des guérisons étonnantes opérées par les procédés du Magnétisme. Loin de nier ces effets, tous les savans les avouent; ils ont en quelque sorte, pour interprète, un médecin érudit (1), non moins illustre par son beau talent comme écrivain, que par ses connaissances profondes en physiologie. Ce savant éclairé a pris à tâche de rechercher scrupuleusement tous les faits magnétiques qu'il attribue à l'imagination; et d'en offrir de fortes et de nouvelles preuves, qu'aucun magnétiseur n'avait songé à présenter. Il les a décrits avec une rare sagacité et avec une érudition qui semble l'emporter sur les écrivains dévoués à la défense du système de l'aimant animal, et pourrait à juste titre leur inspirer une sorte de jalousie. Ce physiologiste a soin de faire remarquer que ces phénomènes ont été observés de tout temps, sans qu'on y ait supposé l'intervention d'un *fluide de l'aimant animal* que les MAGNÉTISTES (2),

---

(1) M. le docteur *Virey*, médecin de la Faculté de Paris, l'un des savans collaborateurs du *Dictionnaire des Sciences médicales.*

(2) MAGNÉTISTE. Ce substantif des deux genres servira à dénommer celui qui est persuadé de la réalité du fluide de

(qu'on me permette la création de ce nou-
veau mot qui s'échappe à l'instant de ma
plume, dont je continuerai à faire usage,
et qui sera peut-être adopté), que les magnétistes, dis-je, nomment aussi le *fluide*
de la volonté. Ils accordent à ce fluide une
propriété particulière; celle de donner à celui
qui en est doué à un degré plus ou moins éminent, la faculté de *pouvoir, avec la main,*
avec le doigt, ou seulement avec la vo-
lonté, par un simple acte mental, faire
agir, marcher, prendre un objet quel-
conque à un somnambule magnétique,
aussi facilement et plus vîte peut-être,
qu'on ne le ferait exécuter par le com-
mandement de la voix. Les expressions
que je viens de citer sont textuellement tirées
de plusieurs ouvrages imprimés et publiés
par différens Magnétistes.

Le célèbre médecin que j'ai désigné plus

---

l'aimant animal et de ses effets extraordinaires. Cette expression semble nécessaire pour éviter une périphrase
toutes les fois qu'on veut désigner un partisan du système
du Magnétisme animal. Le mot de *Magnétiseur* désigne
plus généralement celui qui met en pratique les procédés
du Magnétisme.

haut ne se fait pas scrupule d'employer lé mot de *Magnétisme* pour en indiquer les procédés et la pratique, mais non le système. Voici comme il s'exprime dans le *Dictionnaire des Sciences médicales*, tom. XXIX, pag. 528 : *Il n'est pas étonnant que le Magnétisme, dans la plupart des NÉVROSES* (1), *ait offert des cures éclatantes, car il agit éminemment sur le système nerveux :* mais, ainsi que tous les auteurs savans, il ne se dissimule pas toute la difficulté qui existe pour juger l'action que les systèmes nerveux de deux individus différens peuvent exercer l'un sur l'autre, et pour distinguer l'effet de l'imagination de la personne mise en expérience, d'avec l'effet physique produit par l'imagination de la personne qui agit sur elle. C'est sans doute pour trancher la difficulté, s'épargner des raisonnemens, et se dispenser de produire des preuves admissibles, que les docteurs

-----

(1) *Névrose*, terme de médecine. Il signifie *classe des maladies nerveuses*. Ce mot est tiré du grec νεῦρον (neuroune), *nerf*.

Mystagogues (1), du dogme de l'aimant animal, admettent sans difficulté des miracles magnétiques produits par un fluide idéal, de l'existence duquel nos sens ne peuvent offrir aucun témoignage. On est donc en droit de dire que si les magnétistes ne veulent pas se soumettre au jugement des hommes sans préjugés, s'ils ne peuvent produire un seul fait palpable et évident pour toutes les intelligences, s'ils se refusent à toute méthode expérimentale dans la crainte de ne pouvoir s'en tirer avec honneur; s'ils se plaisent enfin à en imposer aux crédules et aux esprits faibles par des récits de faits miraculeux, invraisemblables et inexplicables; il est alors bien permis de penser qu'ils sont la dupe de leurs illusions et qu'ils se méprennent sur les causes auxquelles ils attribuent les phénomènes qu'ils produisent eux-mêmes. On pourrait du moins leur reprocher une tendance bien

---

(2) *Mystagogue*, s. m., celui qui initie aux mystères d'un culte. Des mots grecs μύσης (mystis), *initié*, et ἀγωγός (agôgos), *guide*, *conducteur*, dérivé de ἄγω (ago), *conduire*.

marquée à créer une espèce de religion magnétique, et de vouloir l'organiser comme toutes les autres croyances religieuses; tout semble du moins l'annoncer. Déjà ils ont adopté des dogmes; ils exigent une foi vive et aveugle, ils aiment le mystère, ils ont leurs révélations, ils ont des miracles; ils prétendent à l'infaillibilité en voulant être crus sur parole. Il ne leur manque plus que d'établir une Grande-maîtrise, pour donner un chef à la secte des Magnétistes.

Il est donc urgent de considérer le Magnétisme sous deux points de vue: 1° sous les rapports du système; 2° sous les rapports de la pratique. Que les *magnétistes* forment une secte, s'ils le jugent à propos; mais il faut que les *magnétiseurs* sans préjugés, qui veulent se dévouer à la pratique du Magnétisme, ne soient plus confondus avec ceux qui soumettent leur raison à un dogme dont ils font un article de foi. Il faut que tout amateur de Magnétisme n'ait plus à rougir dans le monde en avouant l'intérêt qu'il prend à la pratique des procédés magnétiques. Ne suis-je pas souvent

témoin que des médecins , que des hommes
instruits , que des personnages jouissant ,
dans la société , d'une grande considération , craignent de se donner un ridicule
en paraissant s'occuper de magnétisme.
Je les ai entendus dire formellement :
Nous en reconnaissons les effets , mais
il ne nous convient pas d'être rangés au
nombre de ceux qui adoptent un système
non encore démontré , toujours contesté ,
qui dans les conversations est une source
intarissable de plaisanteries , et qui enfin
est repoussé par tous les Philosophes , par
tous les Savans, par tous les Physiologistes
et les Médecins les plus habiles. Que d'E-
crivains, aussi, qui s'occupent de recueillir
des faits tant anciens que modernes, qui
présentent à ce sujet des réflexions et des
observations les plus judicieuses, et qui,
en les publiant , ont grand soin de garder
l'anonyme , par modestie il est vrai , mais
encore plus par la crainte de partager le ridicule dont le Magnétisme sera toujours
frappé, tant que les partisans raisonnables
de cette science seront confondus avec les

enthousiastes du système de l'aimant animal
et avec les magnétiseurs thaumaturges!
C'est par la même raison que la Société du
Magnétisme animal à Paris se traîne depuis
long-temps languissante; les membres qui la
composent la désertent tous les jours : elle
est aujourd'hui pour ainsi dire abandonnée,
et presque anéantie. C'est là où l'a conduit
l'esprit d'intolérance qui s'y est introduit.
Toutes les discussions contraires au système
électro-magnétique animal y sont interdi-
tes : celui qui aurait osé y montrer des doutes
sur ce dogme, et prononcer seulement le
mot *Imagination*, aurait été regardé comme
un hérétique. Les écrits soumis à la Société
pour en être publiés, obtenaient facilement
leur admission lorsqu'ils étaient conformes
au système adopté. Quelques-uns ont été
remaniés, repétris, pour les faire arriver
à la hauteur de la doctrine orthodoxe. Si de
nouveaux membres ont été admis sans avoir
fait preuve d'un dévoûment sans bornes au
dogme par excellence, leur admission faisait gémir le vrai croyant. La *Bibliothèque
périodique*, que publiait cette Société, a par-

lagé la même infortune. Ce n'est qu'avec de
pénibles efforts et des retards multipliés
qu'elle est parvenue à faire paraître depuis
peu un dernier numéro qui correspond au
mois de septembre 1819. Cette marche
vacillante, ou plutôt rétrograde, offre un
contraste frappant avec les progrès sensibles que la pratique des procédés du Magnétisme fait tous les jours tant en France
qu'en pays étrangers. Il est temps de débar-
rasser la Science magnétique des entraves
qui en arrêtent le développement : il faut
enfin réconcilier cette science avec le bon
sens et ne plus la soustraire aux lois de la
nature. Laissons aux magnétistes à renouveler des diatribes éternelles contre les médecins, contre les physiologistes et contre
les philosophes ; laissons-les s'assimiler avec
complaisance à ces hommes de génie qui
ont été malheureusement persécutés pour
des systèmes ingénieux, pour des décou-
vertes utiles qui, d'abord repoussés et
combattus, ont été enfin adoptés par les
savans. Les magnétistes espèrent en vain
obtenir les mêmes honneurs. Il est temps

de reconstituer des associations de magnétiseurs sur de nouvelles bases , de former
des Sociétés académiques composées de savans physiologistes et d'observateurs attentifs de la nature, pour en étudier les lois et
y ramener les faits et les phénomènes de
physiologie et de psycologie. Ces faits , dorénavant, seront soumis à la clairvoyance
d'hommes instruits , sans préjugés , et guidés par des méthodes expérimentales. On
sera bientôt convaincu de l'inutilité de supposer un aimant animal , ni un fluide pénétrant qui s'échapperait de la main d'un magnétiseur, et dont il est impossible de démontrer la réalité. Si les effets surprenans
de psycologie et de physiologie curative
peuvent s'opérer par le pouvoir de l'imagination en dérivant des lois de la nature , il
sera alors absurde , pour les expliquer, de
recourir à un fluide idéal et de lui attribuer
des miracles surnaturels , qui n'existent
que dans l'imagination d'hommes peu accoutumés à l'étude méthodique des sciences.
Il ne suffit pas de bien écrire pour soutenir
une opinion erronée. Quand on part d'un

faux principe, les grâces du style et l'observation des règles de la logique d'école n'empêchent pas de déraisonner. De quoi s'agit-il ? d'un système qui s'étaye de faits miraculeux, invraisemblables, entièrement hors des lois de la nature. Quiconque soutient un pareil système s'impose une grande et impérieuse obligation. Messieurs, leur dira-t-on, prouvez donc vos miracles et nous y croirons ; vous n'êtes pas infaillibles pour en être crus sur parole. Pourquoi prétendez-vous que la foi au Magnétisme est nécessaire au préalable pour être dans cet état de grâce si nécessaire, dites-vous, pour parvenir aux jouissances ineffables réservées aux vrais croyans. Ce serait là une manière bien commode de raisonner, afin d'être dispensé de se soumettre à des expériences rigoureuses et de présenter des preuves admissibles qu'on a droit d'exiger : vous soutenez enfin que ces miracles ne peuvent se reproduire à volonté, sur-tout en présence des incrédules, fussent-ils de bonne foi, et qui veulent voir pour croire. Ne serait-il pas possible que des illusions aient pu vous séduire? Vous avouez que, pour magnétiser, il faut, avant tout, se mettre bien en rapport avec la personne sur laquelle on veut exercer une influence, et exciter en elle une sensibilité physique. Faites donc attention que par là vous mettez en jeu votre influence au moyen de plusieurs procédés, d'attouchemens, de frottemens, d'insufflations à chaud, *d'intuitions*, de paroles, de gestes et de *passes*, à diverses distances du corps ; et vous ne voulez pas voir que ce rapport, cette harmonie, s'établissent par l'intervention des sens et par l'imagination. Convenez-en donc, rien ici ne manifeste la présence de votre fluide. Un magnétiseur, par exemple, avec une attitude imposante, la figure animée, le regard fixe, étend avec assurance la main vers un être malade, dont l'esprit est affaibli par les souffrances ; et après s'être emparé de son imagination, il lui fait éprouver des crises et l'endort profondément. N'est-ce pas là agir sur un être faible par le sens de la vue ? Ce magnétiseur présente ensuite une lettre devant les yeux du somnambule, ou la lui applique sur l'épigastre (1); il lui en demande le contenu, et, par ses questions, il réveille dans l'âme du crisiaque des circonstances et des antécédens sur la personne qui a écrit la lettre, et dont le somnambule aura entendu parler, avec laquelle souvent il a eu des habitudes; il arrive quelquefois, mais toujours rarement, que le somnambule dévoile jusqu'à un certain point, mais d'une manière vague, le sens de cette lettre; et tous les assistans de s'écrier aussitôt : Miracle ! miracle ! L'exclamation a lieu sur-tout si le phénomène concerne une personne absente et éloignée à des distances plus ou moins grandes, même au-delà des mers. N'est-ce pas là des effets de l'imagination produits par le sens de l'ouïe? Lorsqu'on présente cette lettre ou un livre ouverts devant les yeux du somnambule, sans la précaution de lui mettre un ban-

____

(1) *Epigastre*, partie supérieure du bas-ventre ; composé des mots grecs ἐπὶ (épi), *sur*, et de γαστήρ (gastir), *ventre.*

(99)

deau sur les yeux, celui-ci entr'ouvre im-
perceptiblement les paupières, il nomme
les lettres, il épèle les mots, il lit très-
difficilement, et c'est ce que j'ai vérifié par
moi-même : je ne vois là qu'une opération
pénible par le sens de la vue. Les commo-
tions dans l'air jouent encore un grand rôle
dans certains faits et produisent d'autres
illusions : les émanations éveillent l'odorat,
la chaleur ou le froid éveille le sens du
toucher, qui est répandu sur toute la surface du corps ; le bruit éveille le sens de
l'ouïe. J'ai vu des somnambules interrogés
sur le nombre et le nom des personnes présentes, répondre quelquefois d'une manière
à-peu-près juste. Est-ce là un fait miraculeux produit par le fluide magnétique
sorti du bout de vos doigts? Dites plutôt que
le sens de l'ouïe a donné des notions suffi-
santes pour opérer ce prodige, et il n'est
pas rare de voir, dans la société, des aveu-
gles en faire autant. Les observations som-
maires que je viens de présenter suffisent
pour mettre sur la voie de prendre toutes
les précautions nécessaires pour éviter les

illusions que peuvent produire les phénomènes remarquables dont on serait témoin, et qui souvent sont très-exagérés
dans les récits qu'on en fait. Combien de
méprises, combien d'absurdités de la part
des somnambules, et que la plupart des
magnétiseurs complaisans ont grand soin
de taire, dans la crainte de faire tort au
Magnétisme animal! Quoi qu'il en soit,
n'est-il pas évident que les sens d'un somnambule, dans son état de crise, sont d'une
susceptibilité extrême, et qu'ils reçoivent
des sensations d'une finesse dont il est difficile de se faire une idée? Pourquoi donc
supposer un fluide occulte là où l'imagination fait tout par le moyen des sens, qui lui
rendent un compte si fidèle de toutes les
idées qui se transmettent réciproquement
entre des êtres vivans?

Il faut donc en convenir, tout le secret
des magnétiseurs consiste à maîtriser l'imagination de ceux qu'ils veulent magnétiser;
c'est ce qu'on appelle *se mettre en rapport*.
Une partie des procédés mis en usage pour
y parvenir sont de placer pied contre pied,

genou contre genou , main dans la main :
le magnétiseur prend , ainsi que je l'ai déjà
dit , un air grave , sérieux , concentré ,
l'œil fixe , quelques questions entrecou-
pées ou un silence affecté , des *passes* à
distances ou des attouchemens, ou des frottemens sur les différentes parties du corps,
suivant qu'il le juge à propos ; il applique les doigts sur les yeux , il pose la main
sur le front ou sur l'estomac, puis des insufflations à chaud immédiatement sur la
peau ou à travers un mouchoir, etc. , etc.
Or , je demande si de pareils procédés mis
en œuvre entre personnes de différens
sexes , qui souvent se voient pour la première fois , ne doivent pas produire une
grande émotion , quelquefois une espèce
de frayeur , et enfin une vive impression
sur l'imagination. Qu'on se figure un
malade fortement affecté par le danger vrai
ou imaginaire de sa maladie , ou par la
crainte de la mort : c'est alors que cet être
affaibli au moral et au physique est merveilleusement disposé à croire celui qui annonce avec un ton d'assurance qu'il veut

guérir la maladie et qu'il en a le pouvoir. De l'emploi de pareils procédés il résulte ordinairement des spasmes, des crises, des convulsions et quelquefois un sommeil plus ou moins profond, appelé *magnétique*. Le magnétiseur habile sait tout prévoir : il sait apaiser les convulsions, il prétend en prévenir le retour ; il parvient à persuader son patient ; il le questionne et le met enfin sur la voie de développer cette faculté instinctive dont tous les hommes sont doués à différens degrés, mais plus éminemment dans l'état surprenant de somnambulisme. On peut encore admettre que si les magnétiseurs doivent se défier de l'enthousiasme pour observer plus sainement les phénomènes et se préserver de la manie d'en faire des récits exagérés, qui semblent flatter l'amour-propre, ils peuvent au contraire se livrer à toute leur exaltation, afin d'obtenir plus de succès dans la pratique des procédés du Magnétisme. Ici je laisse à tout homme qui raisonne, qui n'a aucun préjugé, qui ne s'est laissé asservir par aucun système, par aucune croyance, je lui laisse, dis-je, à juger par lui-même si les effets dont je viens de présenter une esquisse sont produits par un fluide *électro-magnétique* sorti du bout des doigts des magnétiseurs, ou s'ils ne sont pas plutôt la conséquence nécessaire des fortes émotions que reçoit l'imagination de la personne magnétisée.

Je ne prétends attaquer le Magnétisme animal que sous les rapports du système ; mais je le soutiens sous les rapports de la pratique, et cette pratique, bien dirigée, pourrait offrir, à beaucoup d'égards, un but d'utilité incontestable. Je ne veux en écarter que les théories fausses, les faits exagérés et invraisemblables qui présentent un aspect merveilleux et surnaturel, qui les rendent absurdes. Je ne m'occuperai pas ici des abus et des dangers qu'on pourrait reprocher à la pratique du Magnétisme. Il y en a sans doute ; et de quoi ne peut-on pas abuser ? Mais la science du magnétiseur consistera à les éviter, à les prévenir. J'ai essayé de traiter cet objet dans un article séparé que je publierai par la suite.

(104)

Nous verrons si parmi les partisans du fluide miraculeux de l'aimant animal, il s'en présentera quelques-uns qui persisteront à s'engager dans des défilés dangereux pour leur logique, sans calculer s'ils pourraient sortir avec honneur de la discussion. Ils sentiront s'il ne serait pas préférable de faire un pas rétrograde et abandonner la fausse position dans laquelle ils restent perpétuellement foudroyés par la désapprobation formelle de tous les savans et de tous les physiologistes les plus habiles, et continuellement exposés aux dérisions des gens du monde. Le Magnétisme ne doit le plus grand nombre de ses partisans qu'à la pratique des procédés magnétiques qui produisent des phénomènes et des guérisons étonnantes, et excitent vivement l'intérêt et la curiosité du public; le système magnétique, au contraire, repoussé dès sa naissance par tous les hommes éclairés, s'est toujours trouvé en butte à une opposition constante, qui toujours a été en croissant : en effet, les objections sérieuses qui lui ont été faites sont restées sans réponses satisfaisantes. Pour s'en convaincre, il suffit d'examiner avec attention les écrits des défenseurs du Magnétisme animal ; on y verra qu'ils ont recours à de vaines subtilités pour éluder de répondre aux difficultés sérieuses qui leur ont été présentées ; continuellement hors de la question, ils donnent comme preuves ce qui est contesté ; ils se perdent dans le vague de raisonnemens sans force qui ne portent aucun caractère de conviction, et ne persuadent que des hommes ignorans en physiologie, ou ceux qui sont disposés à la crédulité. Le seul argument qui leur a paru victorieux, et dont ils ont tiré un grand parti, est le reproche que souvent ils font à leurs adversaires, de nier la réalité des phénomènes magnétiques. Ce reproche a perdu toute sa force aujourd'hui : cependant les magnétistes le reproduisent sans cesse et comme par habitude.

On doit convenir que si les physiologistes reconnaissent plus généralement la réalité des phénomènes étonnans que peu-

vent produire les procédés des magnétiseurs, on en est en quelque sorte redevable
à la persistance des partisans du fluide de
l'aimant animal. Le choc des opinions a
engagé des hommes érudits à des recherches curieuses sur les phénomènes de psycologie et de physiologie curative, qui, de
tout temps, se reproduisirent spontanément
ou artificiellement, mais qui étaient pour
ainsi dire méconnus et rebutés. Tous ces
faits merveilleux présentement ne sont
plus rejetés ; on sait les apprécier, et ils
sont admis, mais en les dégageaut de l'exagération dont la crédulité et l'ignorance des
lois de la nature les avaient défigurés. C'est
aux lumières que les physiologistes modernes ont répandues sur ces phénomènes
anciens et nouveaux, que nous sommes
véritablement redevables des progrès sensibles de la pratique du Magnétisme depuis quelques années.

Les vérités, trop sévères peut-être, que
je viens de proclamer contre le système
de *l'action électro-magnétique animal*,

ont déjà été senties par plus d'un partisan de ce système. Un illustre magnétiseur (1), disciple de Mesmer, est de ce nombre. J'ose le dire, sans craindre d'être désavoué, c'est lui qui a poussé le plus loin la perfection des procédés du Magnétisme. Il nous en a enseigné la pratique beaucoup mieux que tout autre. C'est à lui que nous sommes redevables de savoir mettre en jeu les grands effets du somnambulisme spontané et du somnambulisme artificiel ou magnétique. Nous lui devons tous ce tribut de reconnaissance qui lui est dû, mais qu'un des défenseurs du système de l'aimant animal a oublié de lui rendre. En effet, il a dit d'une manière peu obligeante, que ce magnétiseur, l'un des plus expérimentés qu'on puisse citer, *n'a jamais donné au Magnétisme la forme de somnambulisme, pas plus que tout autre. Il a vu et décrit ce phénomène ; beaucoup de gens l'ont observé après lui.* Un physiologiste célèbre (2), qui n'est pas magnétiste, a

____

(1) M. le marquis de P. — (2) M. le docteur Virey.

été plus juste. *Mesmer*, qui avait saisi tous
les rapports sous lesquels on peut considérer le Magnétisme, a sans doute parlé du
somnambulisme ; mais il n'avait fait que
l'indiquer et ne s'est jamais occupé de l'approfondir ni de nous faire connaître tout
le parti qu'on pouvait en tirer.

Mesmer désavouerait peut-être aujour-
d'hui ceux qui défendent, contre toute raison, un système qui, en servant à élever sa
fortune, a prouvé son génie ; car il a su par
la force de son imagination exciter un enthousiasme presque général et exercer à lui
seul un grand empire sur l'imagination d'un
nombre considérable d'hommes avides
d'une nouveauté aussi étrange. Ce phénomène, alors, déjouait véritablement, dès sa
naissance, le système d'un fluide sortant du
bout des doigts, auquel on attribuait des
effets surprenans qui appartiennent incontestablement au domaine de l'imagination.
On ne peut nier que les aphorismes de Mesmer ne contiennent quelques idées sublimes
et de grandes vérités. La théorie d'un fluide
universel est brillante ; elle élève l'âme ;

mais elle ne justifie pas l'admission d'un fluide particulier, d'un fluide idéal, qui sortirait du bout des doigts, et qui n'a jamais été prouvé, car Mesmer se refusait également à des expériences positives. Aussi jusqu'à présent ce système n'a pu se ranger à côté de ces vérités frappantes qui saisissent également tous les esprits.

Tel qui, par un attachement servile pour la doctrine de Mesmer, se place aujourd'hui parmi les derniers partisans d'un système dont les conséquences en démontrent l'absurdité, n'aurait pas eu peut-être le courage de se déclarer l'un de ses premiers disciples. Pour avoir eu le droit d'admirer les erreurs d'un grand homme, il faut savoir les reconnaître quand le temps les a démasquées. Il n'y a plus de gloire aujourd'hui à s'égarer sur les traces de Mesmer. La diversité des opinions que le système de cet homme célèbre fit naître produisit un grand procès, qui ne semble interminable depuis quarante ans, environ, que par la ténacité d'un parti qui toujours fut en minorité, dont on voit le nombre

diminuer sensiblement, mais dont le courage semble s'accroître par l'absurdité de la
réalité d'un fluide qui, avec un acte mental
de la volonté du magnétiseur, s'échappe
du bout de ses doigts et opère des prodiges d'un ordre vraiment surnaturel. Le
Parti que je viens de signaler s'est déclaré
en opposition ouverte contre l'immense
majorité des Philosophes, des Savans et des
Physiologistes, à laquelle se réunissent
tous les hommes instruits, et en général
toutes les personnes qui, dans la société,
ne sont pas disposées à adopter des systèmes, des préjugés et des opinions si
constamment attaqués et combattus par
l'arme du ridicule. L'opposition d'une
minorité si disproportionnée a de quoi
étonner, en observant surtout qu'on rencontre dans cette minorité des hommes
respectables, remplis de probité, d'honneur, de mérite, et même de connaissances
scientifiques, qui les distinguent sous plusieurs rapports, et qui les dédommagent de
tout ce qui leur manque du côté des
sciences physiologiques, dont ils n'ont pas

fait une étude particulière. Ils ne peuvent donc s'offenser d'être récusés comme juges dans leur propre cause, et comme n'ayant pas qualité pour prononcer sur une matière qui n'est pas véritablement de leur compétence.

Parmi les hommes de mérite dans les deux partis opposés, qui en dernier lieu sont entrés en discussion sur le point contesté de la réalité de l'aimant animal, on remarque deux antagonistes renommés par leur savoir et leur réputation; on les a vus descendre dans l'arène, semblables à deux athlètes redoutables, s'y attaquer avec un noble courage, s'y prendre corps à corps, et s'y battre à outrance avec les armes brillantes du style et de la logique. Tous deux, à quelques restrictions près, conviennent des phénomènes extraordinaires et des guérisons éclatantes opérés par les procédés du Magnétisme; mais l'un, celui qui le premier commença l'attaque, soutient que ces phénomènes merveilleux sont du domaine de l'imagination : l'autre, au contraire, prétend que certains prodiges miraculeux, dont je n'ai précédemment indiqué que la plus petite partie, ne sont dus qu'à un fluide magnétique animal qui sort du bout des doigts du magnétiseur, et dont tous les hommes, et en général tous les êtres vivans, sont doués à des degrés plus ou moins éminens. Il accorde enfin une entière croyance à la réalité de ce fluide *électro-magnétique animal*. Il en résulte qu'à la manière de l'aimant *minéral* qui fait mouvoir le fer, et l'attire et le repousse, on peut de même aussi, du bout du doigt, faire mouvoir, comme un automate, le somnambule en crise sur lequel on exerce une influence magnétique, et le réduire à agir, à obéir et à penser, au moyen d'un seul acte mental du magnétiseur, et sans le concours de l'imagination du patient.

Cette lutte importante s'annonça par un écrit intitulé *Examen impartial du Magnétisme animal*, qui se trouve inséré au tome XXIX, page 463 du *Dictionnaire des Sciences médicales*. L'auteur de l'*Examen impartial, etc.*, est l'un (1) des illustres

____

(1) M. Virey, docteur en médecine à Paris.

coopérateurs de ce dictionnaire, qui tra-
vaillent à la construction de ce magnifique monument élevé de nos jours à la
Physiologie ; que dis-je ? à la Philosophie, et
pour ainsi dire à toutes les sciences. L'au-
tenr de l'*Examen, etc...* demande des faits
positifs. *Que Mesmer, dit-il, ou l'un de ses
plus habiles successeurs, fasse tomber ce
cheval en somnambulisme, ou cette brebis
en crise, car ces animaux ont des nerfs
et par conséquent de la sensibilité, alors je
reconnais l'empire du Magnétisme animal.* Cet auteur est donc disposé à croire
les miracles opérés par son adversaire ;
mais il veut des expériences rigoureuses
et des faits sans réplique, afin de prouver que les sens, qui sont les minis-
tres fidèles de l'imagination, auraient été
dans l'impossibilité de transmettre à cette
dernière des notions, des idées même imperceptibles, et démontrer enfin, que le
fluide de l'aimant animal, qui sort du bout
des doigts ou de telle autre partie du corps
que ce soit, exerce sur des êtres vivans une

action électro-magnétique, à l'insu de l'homme ou de la bête, magnétisés.

Le gant jeté, il est ramassé avec fierté par l'auteur de la *Défense du Magnétisme animal* (1). Celui-ci, armé d'une foi vive pour le dogme sacré du Magnétisme, soutenu par sa propre conviction, et favorisé du don de faire des miracles, pouvait à l'instant fondre sans ménagement sur son ennemi, et le terrasser par un prodige ; il pouvait, en étendant simplement la main, mais avec enthousiasme, avec ferveur, lancer du bout de ses doigts un faisceau de fluide animal, accompagné d'un acte mental de volonté ; il pouvait faire tomber à ses pieds son imprudent adversaire et le plonger dans un sommeil magnétique ; mais il préféra, au contraire, la méthode des héros dans *Homère*. Ces héros, enflammés par la vengeance, bouillonnant de colère, écumant de rage, et au moment

____

(1) *Défense du Magnétisme animal*, par J. P. F. *Deleuze.* 2 vol. in-8°. Paris, 1819. Chez Belin-Le Prieur, libraire, quai des Augustins, n° 55.

(115)

même de se porter de terribles coups, dirigés par la haine, adressaient cependant d'éloquens discours à un ennemi non moins furieux, qui écoutait avec patience, puis répondait aussi longuement. De même le défenseur du Magnétisme animal, autant valeureux que courtois, débute par des complimens et un éloge obligé. Son antagoniste lui-même est forcé d'en convenir (1). Tel encore un maître d'escrime, avant de commencer l'assaut, salue avec grâce et son rival et les spectateurs.

Ce n'est pas tout : il faudrait pouvoir décrire le combat ; il faudrait avoir le talent d'en tracer à grands traits le tableau fidèle ; mais, faute de savoir peindre, je suis condamné au silence. Je voudrais cependant donner un échantillon de la logique du défenseur de la doctrine orthodoxe des Magnétistes. Il se plaint d'abord avec rai-

____

(1) *Voyez* à la page 75 du 17ᵉ cahier (novembre 1819) du *Journal complémentaire du Dictionnaire des Sciences médicales*, imprimé à Paris chez Panckoucke, rue des Poitevius, n° 14.

8*

son, mais presque avec douceur, de quelques inconvenances de la part de son adversaire. Celui-ci, en effet, a grand tort ;
et parce qu'il tient en main le flambeau de
la Raison pour éclairer l'attaque et montrer la Vérité à nu, était-il pour cela auto-
risé à lancer des épigrammes et des sar-
casmes, à traiter de jongleries magnétiques des faits exagérés, transformés en
miracles par les magnétistes? Il les suppose coupables de mensonges ou d'inep-
ties, et les qualifie de charlatans, de fous,
de dupes et d'imbécilles. L'auteur de
l'*Examen*, *etc.*, n'aurait pas été aussi
hardi dans l'attaque, si les torches du
fanatisme eussent été allumées, et si les noirs
tourbillons de fumée qui s'en échappent
avaient pu obscurcir l'éclat du flambeau
de la Raison et voiler la Vérité.

Quant à l'auteur de *la Défense*, *etc.*, il
se fait admirer par la beauté de son style
et l'adresse de ses argumens. Il met de la
grâce jusque dans ses dénégations for-
melles et dans ses contradictions palpables.
Son antagoniste, plus éloquent encore, et

vraiment érudit, est beaucoup moins souple.
C'est en vain qu'il accable son adversaire
et le met en pièces ; mais celui-ci est un
reptile, pétri d'atômes de feu, de génie,
d'esprit et de courage. Chaque tronçon,
séparé du chef, n'en conserve pas moins la
vie et l'agilité des mouvemens. La tête,
plus vivace encore, cherche à mordre son ennemi, en lui reprochant d'être de mauvaise
foi, de ne rien comprendre au Magnétisme
animal, de n'avoir rien observé, de n'avoir
rien vu par lui-même ; d'où il résulte qu'un
savant, l'un des plus habiles physiologistes
de France, est récusé pour juge dans une
matière qui est de sa compétence. Sans en
démordre, enfin, sur la faculté dont il est
doué, de faire des miracles à volonté, l'auteur de *la Défense du Magnétisme animal*
rend un témoignage éclatant de sa croyance,
et prononce son acte de foi avec une candeur et une componction vraiment tou-
chantes. Voici son Credo ; il est conçu en
ces termes :

Je crois à une émanation de moi-
même, parce que ces effets se produisent

sans que je touche le malade, et que rien ne produit rien : Ex nihilo nihil. J'ignore la nature de cette émanation ; je ne sais à quelle distance elle peut s'étendre ; mais je sais qu'elle est lancée et dirigée par ma volonté ; car lorsque je cesse de vouloir, elle n'agit plus (1).

On doit faire attention que ce Symbole des apôtres du Magnétisme animal contient des vérités essentielles et fondamentales, ainsi que les principaux articles de foi des magnétiseurs thaumaturges. Le Grand-pontife de la nouvelle religion des magnétistes s'en est expliqué, et il est infaillible. Remarquez bien que chaque Magnétiste est appelé à prononcer mot pour mot, et pour son propre compte ; les paroles sacrées qui viennent d'être transcrites textuellement. Elles sont émanées du Chef suprême de la croyance à la réalité du fluide magnétique animal. Il a donné à sa profession de foi la forme d'un acte, d'*un Symbole*, qui com-

_____

(1) Chap. II , pag. 172 de la seconde partie de *la Défense du Magnétisme animal.*

mence par CREDO, pour en mieux faire ressortir l'importance. C'est dans cet acte de foi
que réside le dogme auquel doivent se rapporter tous les développemens de la doctrine. Il nous l'assure, et nous le dit avec
énergie : « Je crois à une émanation de moi-
» même ; je crois que cette émanation, que
» ce fluide, qui est inhérent à mon organi-
» sation, agit *ad libitum* ; c'est-à-dire, si
» je veux ou si je ne veux pas. Je sais de
» science certaine que ce fluide qui sort du
» bout de mes doigts, et dont la réalité ne
» peut plus être mise en doute, est essen-
» tiellement obéissant à ma volonté ; qu'il
» n'attend que mon ordre mental pour
» agir avec la rapidité de l'éclair : car lors-
» que je cesse de vouloir, mon émanation,
» ou mon fluide animal, n'agit plus. »
Cependant la modestie, qui est l'apanage
de l'infaillibilité, a déterminé le Souverain
pontife, par amour pour la vérité, à déclarer humblement que la nature de cette
émanation magnétique animale ne lui a pas
encore été révélée. « *Je ne sais*, dit-il, *si*
» *elle est matérielle ou spirituelle.* » Cet

aveu est fort adroit ; il ne veut pas se brouiller ni avec les Matérialistes, ni avec les Spiritualistes. Il dit encore : « *Je ne » sais jusqu'à quelle distance mon fluide » peut s'étendre.* » On doit remarquer ici une obscurité, bien légère pour les vrais adeptes, mais que les incrédules, qui ont une intelligence dure, comprendront difficilement ; car en parlant de son fluide ou de son émanation, on demande au Chef révéré des vrais croyans si les mots *fluide* ou *émanation*, dans le sens qu'il l'entend, sont synonymes avec *volonté*. On le croira sans peine après avoir lu ce qui suit, et après s'être convaincu que la volonté du magnétiseur peut faire voyager la volonté du magnétisé ; car l'acte de foi doit être également prononcé par le magnétisé et le magnétiseur. Il s'ensuit que le magnétisé somnambule, qui a la faculté de transporter son émanation intellectuelle à différentes distances, pour y voir et apprendre ce qui s'y passe, a bien certainement le droit de prononcer aussi, pour son compte, le paragraphe de l'acte de foi, où il est dit : *Je ne*

sais jusqu'à quelle distance mon émana-
tion peut s'étendre. Mais tout va s'éclaircir.
Poursuivons. C'est toujours le Grand-prêtre
qui parle, ou du moins c'est la paraphrase
fidèle des sublimes principes qu'il professe. « Si j'ignore à quelle distance l'éma-
» nation, le fluide animal ou la volonté de
» l'homme peut s'étendre, je sais très-
» positivement que cette émanation peut
» aller fort loin. J'en ai des témoignages
» incontestables d'après les faits, *gestes* et
» miracles, exécutés et opérés par moi-
» même, vérifiés de la manière la plus
» scrupuleuse, et qui ont été publiés dans
» mes propres récits imprimés, ainsi que
» dans les relations que j'ai censurées et
» approuvées avec intégrité, et qui prouvent
» à l'évidence que mon fluide, accompagné
» d'un acte mental de ma volonté, a le
» pouvoir de faire voyager, avec la vitesse
» de la pensée, l'âme de certains somnam-
» bules lucides, sur lesquels j'exerce mon
» influence. » Ici on doit observer une nouvelle obscurité qui résulte de la distinction
bien précise entre l'émanation qui obéit et

l'acte mental qui commande ; mais en y réfléchissant , il paraît probable que ce fluide animal , qui agit au moyen d'un acte mental , doit être considéré comme la volonté elle-même , et se confondre l'un et l'autre. « Si je ne sais pas encore , dit-il , jus-
» qu'où mes *Somnambules voyageurs* (1)
» peuvent aller , je sais du moins où ils ont
» été ; j'en ai déjà fait voyager dans tous
» les départemens de la France , et prin-
» cipalement dans les villes d'extrême
» frontière. Je suis enfin parvenu à en
» lancer au - delà des mers et jusqu'en
» Amérique ; d'autres en ont envoyé aux
» Indes - Orientales. (2) » On doit comprendre parfaitement que pour des voyages de ce genre, ce n'est que le premier pas qui coûte. Au surplus, presque toutes les relations de cures magnétiques font men-

***

(1) Les Magnétistes donnent cette dénomination à certains somnambules qui voyagent spontanément dans les espaces , ou qui ont été formés à ces sortes de voyages. Nous verrons ci-après qu'ils ont envoyé des *Somnambules voyageurs* jusque dans la Lune.

(2) Madame M***.

tion de petits voyages de la même espèce. Vous y verrez fréquemment qu'on ordonne à un somnambule de s'occuper de la santé de telle ou telle personne absente, qui est dans la même ville, où dont l'habitation ne serait éloignée que de quelques lieues. Le somnambule se transporte auprès du malade; il voit la maladie, il en fait la description, et ordonne le remède. Quand le magnétiseur est curieux, il questionne le somnambule sur ce que fait, sur ce que dit la personne absente; de cette manière, on est informé des plus petits détails. J'ai vu des relations dans lesquelles un somnambule faisait la description exacte de l'appartement d'une personne éloignée; il indiquait jusqu'à l'emplacement, la forme et la couleur des meubles. Cependant le somnambule n'avait jamais vu ni l'appartement, ni la personne. On apprenait aussi de petites anecdotes, quelquefois scandaleuses; car les absens, quelqu'éloignés qu'ils puissent être, n'en sont pas moins surpris sur le fait. Aussi le Grand-pontife s'est-il fortement élevé contre de pareilles expériences, dont il fait un cas de conscience. Ces expériences pouvaient porter le trouble dans les familles.

L'auteur de *la Défense du Magnétisme animal*, et ses fidèles disciples, se procurent ainsi l'innocent plaisir de visiter, en moins de dix minutes, leurs amis et connaissances absens, fussent-ils disséminés sur la surface du globe, aux distances les plus considérables. Ils obtiennent, par ce moyen, des nouvelles fraîches sur l'existence et la santé des personnes qui leur sont chères. Lorsqu'ils apprennent que ces personnes sont incommodées, ils leur expédient des consultations somnambuliques faites d'office, ou bien ils leur écrivent pour les engager à envoyer des cheveux ou d'autres objets qui auraient appartenu, ou qui auraient été portés par le malade. Aussitôt que ces objets sont arrivés, ils sont remis entre les mains d'un somnambule lucide, qui, en les posant sur son front ou sur son épigastre, voit matériellement ou spirituellement le malade, en décrit la maladie, indique les remèdes. L'ordonnance est transmise, et, lorsqu'elle est exécutée, la guérison s'opère.

On ne prétend pas nier que de tels procédés n'aient produit quelquefois des phénomènes intéressans ; mais si on avait eu soin d'en accompagner le récit de toutes les circonstances qui pouvaient en faire disparaître le merveilleux, il en resterait encore assez pour l'admiration des observateurs attentifs de la pratique du Magnétisme, ou plutôt de la médecine d'imagination. Le *rapport* nécessaire qu'on doit au préalable établir entre le somnambule consulté et le malade absent, suffit pour procurer des notions de la maladie sur laquelle on donne souvent des détails au somnambule. J'ai été témoin de ces sortes de complaisances, et il m'a paru qu'avec de pareilles notions, des médecins auraient pu également donner de très-bonnes consultations. J'ajouterai que plusieurs magnétiseurs m'ont répondu à ce sujet, qu'en instruisant les somnambules de toutes les particularités concernant les malades consultans, on abrégeait le temps, on fatiguait beaucoup moins le somnambule, et on obtenait plus facilement les ordonnances nécessaires pour diriger le traitement et parvenir à la guérison.

On ne fait pas d'ailleurs assez d'attention que le plus grand nombre des drogues prescrites par les somnambules ont peu de vertus positives et beaucoup de vertus supposées. C'est le plus souvent l'imagination qui, par son pouvoir immense, imprime à ces mêmes drogues, insignifiantes par elles-mêmes, une propriété de commande, et toutes les vertus enfin que le somnambule et le malade leur attribuent. On explique, par ce moyen, la variété extraordinaire des prescriptions et ordonnances des somnambules pour les mêmes maladies. Il est vrai que la différence des tempéramens pourrait justifier cette variété dans le traitement. Par ce moyen, les vrais croyans trouvent des réponses à toutes les objections. Quoi qu'il en soit, presque toutes les relations de cures magnétiques offrent des circonstances assurément invraisemblables. Le merveilleux s'y glisse à chaque page. Il n'est guère de somnambules qui n'y soient représentés comme plus ou moins doués de facultés miraculeuses, et principalement de voir, pour ainsi dire matériellement et sans changer de place, des événemens réels, effectifs, qui se passent à des distances très-éloignées, et en rendre compte, comme si le Somnambule en eût été témoin oculaire. Ce que je viens d'exprimer, les magnétistes le prétendent en général, et plusieurs l'attestent et disent l'avoir vérifié positivement. On ne me dira pas que ce sont de fausses allégations de ma part : pour s'en convaincre, on peut lire toutes les relations imprimées ou manuscrites qui contiennent des faits de Magnétisme animal. En vain m'objecterait-on que je n'ai pas bien connu les procédés du Magnétisme, que je ne les ai pas mis en pratique, que je n'ai point vu de faits remarquables, ou que je les ai mal observés ; je ne m'en laisserai pas imposer par de pareilles dénégations. J'ai lu ou parcouru presque tous les livres qui traitent

du Magnétisme ; j'ai vécu parmi les magnétiseurs ; je les ai vus magnétiser, et j'ai magnétisé avec eux. J'ai comprimé mon incrédulité pour mieux les laisser raisonner,
et plus souvent déraisonner et pousser
leurs prétentions jusqu'à l'extrême. Souvent j'ai entendu raconter les mêmes faits
qui s'étaient passés sous mes yeux : ils
me paraissaient méconnaissables, tant ils
étaient défigurés par l'enthousiasme et l'exagération de ceux qui en avaient été témoins, ou qui les avaient eux - mêmes
produits. Personne mieux que moi ne pourrait déjouer le système hypothétique d'un
fluide magnétique que l'on suppose sortir,
dans un degré plus ou moins éminent, du
bout des doigts de tous les hommes en
général, comme les magnétistes l'assurent.
Personne plus que moi n'en pourrait démontrer l'absurdité, si j'avais l'art d'écrire
avec plus d'ordre ; si je possédais, enfin,
le secret de persuader ceux qui auront le
courage de lire un écrit fait à la hâte, dont
il m'a été impossible de coordonner toutes les parties, car je le compose en ce

moment, page à page, pour en fournir le texte à l'imprimeur. Je n'ai pas même le loisir de relire ce qui précède, pour éviter des redites qui paraîtront sans doute bien fastidieuses à beaucoup de lecteurs. Je ne comptais enfin donner que deux ou trois pages d'*Introduction*, et je ne sais encore où je m'arrêterai. Je laisse donc courir ma plume au hasard, et s'égarer sur les différens tons du sérieux et de la plaisanterie. Je me les suis permis pour lutter contre l'erreur et repousser des opinions qui commençaient à peser sur l'esprit d'une certaine classe d'hommes crédules et irréfléchis. Si je rends compte de détails aussi peu intéressans, c'est pour solliciter l'indulgence à laquelle je n'ai pas droit. Le sort en est jeté, je n'ai d'autre prétention, en publiant un pareil écrit, que de déterminer peut-être quelque savant, quelque physiologiste, à mettre autant et plus que je ne l'ai pu faire, le courage et l'assiduité nécessaires pour observer et pratiquer par eux-mêmes les procédés du Magnétisme, avant de prendre la plume pour redresser des opinions erronées. Cette entreprise, que je ne fais qu'indiquer ici avec de trop faibles moyens, me semble n'avoir pas encore été remplie assez complètement par les habiles Physiologistes qui nous ont cependant déjà si puissamment éclairés sur le fond de la question : mais, il faut en convenir, ces physiologistes célèbres, qui se sont avec raison déclarés les ennemis d'un système absurde, ont en général trop peu observé et mis en pratique les procédés du Magnétisme, pour juger de l'utilité qu'on pourrait en tirer sous les rapports de la médecine d'imagination, et s'en servir en outre pour faire faire un pas de plus aux sciences et aux connaissances humaines, sur-tout en matière de psycologie.

J'en reviens à nos somnambules clairvoyans, auxquels je voudrais donner une dénomination plus générale et plus appropriée à la faculté de prévision dont ils sont véritablement doués. Cette faculté de prévision, sans être miraculeuse, n'en est pas moins surprenante, ainsi que les plus célèbres médecins en conviennent.

Si la pratique du Magnétisme devient un art susceptible de prendre les dehors d'une véritable science, et si les savans, après l'avoir délivrée des entraves qui en arrêtent les progrès, et avoir repoussé les opinions dont l'ignorance l'a obscurcie ; si, dis-je, les savans venaient à cultiver cette nouvelle science, il deviendrait nécessaire d'adopter quelques nouveaux termes scientifiques plus expressifs, quant au sens, et plus laconiques, pour éviter des périphrases qui embarrassent le style dans les discussions où la répétition du même mot se trouve souvent indispensable. La dénomination de *Somnambule*, dont le terme scientifique qui lui correspond est *hypnobate* (1), ne devrait être employée que pour désigner ceux qui marchent en dormant sans s'éveiller, et ne convient nullement pour ex-

______

. (1) *Hypnobate*, s. m., Somnambule, qui marche en dormant; tiré du grec ὕπνος (hypnos), *sommeil*, et de βαίνω (bainô), *je marche.*

primer une personne endormie par les procédés du Magnétisme, qui, sans quitter le
siége où elle est assise, parle, répond, voit
la maladie des personnes présentes ou ab-
sentes, et transporte son imagination à des
distances plus ou moins éloignées. C'est
ce que prétendent les magnétiseurs, en
ajoutant que, dans certaines circonstances,
leurs somnambules voyent le présent, le
passé et l'avenir. Pour désigner ceux-ci,
il faudrait un terme dont l'acception fût
plus générale. Voulant remplir ce but, je
propose le mot HYPNOSCOPE (1), qui dési-
gnera ceux qui voyent pendant le sommeil :
je propose également l'adoption des mots
HYPNOPOLE, HYPNOCRATIE, HYPNOSCOPIE,
HHYPNOMANCIE et HYPNOCRITIE (2), dont
on voit la signification dans les notes ci-

---

(1) *Hypnoscope*, s. m., celui qui voit en dormant ; tiré du
grec ὕπνος (hypnos), *sommeil*, et de σκοπέω (skopéô), *je
vois, je regarde, je considère.*

(2) *Hypnoscopie, Hypnomancie, Hypnocratie, Hypnocritie*, s. f., et *Hypnopole*, s. m., tirés de ὕπνος (hypnos),
sommeil, et de σκοπέο (skopéô), *voir, considérer ;* de μαντεία
(manteia), *divination ;* de κράτος (kratos), *force, puis-*

jointes. La néologie (1) de pareilles expressions ne paraîtra pas extraordinaire, si on considère que le *Dictionnaire de l'Académie française* nous a mis sur la voie, pour former des termes nouveaux aussi utiles et aussi justes. Déjà on trouve, dans ce Dictionnaire, tom. Ier, pag. 708, et tom. II, pag. 194, de la 5e édition in-4°, Paris, 1814, les mots *Hypnotique et Onirocritie*. Deux autres Dictionnaires, très-estimés (2), ont aussi adopté les expressions *Hypnobate*, *Hypnologie*, *Hypnologique*, *Hypnotique* (3). Ils ont encore admis les

---

sance ; de κρίνω (krinô), et κριτική (kritiki), *juger*, *jugement*; et de πωλεῖν (pôlein), *vendre*, *faire trafic*. Ce dernier mot sert de dénomination pour ceux qui tirent un profit ou font un petit trafic de la pratique du Magnétisme.

(1) *Néologie*, s. f., du grec νέος (néos), *nouveau*; et de λόγος (logos), *mot, parole, discours*.

(2) *Dictionnaire étymologique des mots français tirés du grec*, par M. *Morin*; seconde édition par M. *Guinon*. 2 vol. in-8°. Paris, 1809, et le *Dictionnaire universel* de Boiste.

(3) *Hypnobate*, *Hypnologie*, *Hypnologique*, *Hypnotique*, tirés du grec ὕπνος (hypnos), *sommeil*, et de βαίνω (bainô), *je marche*; de λόγος (logos), *parole, discours*, etc.

mots *Onirocritie*, *Onirocritique*, *Oniromancie*, *Oniroscope*, *Oniroscopie*, *Onirocratie*, *Oniropole* (1), qui tous sont des termes scientifiques, dont l'emploi ne peut que devenir utile dans les discussions sur l'art de provoquer le sommeil lucide des Hypnoscopes. Il ne faut pas désespérer que l'Académie française ne leur accorde tôt ou tard le droit de bourgeoisie, et que peut-être elle ne repoussera pas les *hypnoscopes* et se familiarisera avec l'*hypnomancie*, etc.

Un fameux magnétiseur, qui depuis peu d'années avait déjà fait schisme dans la religion magnétique, a senti également la nécessité de substituer un nouveau terme à celui de *somnambule*. Il adopta celui d'*Épopte* (2), sans en donner l'étymologie,

---

(1) *Onirocratie*, *Onirocritie*, *Onirocritique*, *Oniromancie*, *Oniroscope*, *Oniroscopie*, *Oniropole*, tirés du grec ὄνειρος (onéiros), *songe*; et de κράτος (kratos), *force, puissance*; de κριτική (kritiki), et κρίνω (krino), *jugement, examen, juger*; de μαντεια (mantéia), *divination*; de σκόπέω (skopéo), *je vois, je considère*; de πωλεῖν (pôlein), *trafiquer, vendre.*

(2) *Épopte*, tiré du grec ἐποπτεύω (epopteuo), *je vois, je considère*; et ἐποπτήρ (epoptir), *un inspecteur, un voyant.*

mais qui est sans doute tiré du grec , et qui
véritablement paraît correspondre à la dénomination que quelques théologiens don-
naient à certains prophètes , en les appelant
les Voyans : cependant le mot *Épopte* me
paraît incomplet, puisqu'on n'y trouve rien
qui rappelle le mot *sommeil*. La dénomination de *Hypnoscope* est donc plus
convenable. Ce magnétiseur est feu *l'abbé
Faria* , que j'ai connu. On a imprimé ,
après sa mort, un premier volume de son
ouvrage , intitulé : *De la Cause du sommeil lucide* (1). Je me propose d'en rendre
compte dans un numéro prochain de nos
Archives. J'ai dit plus haut que l'abbé
Faria avait fait schisme parmi les magnétiseurs , parce qu'il n'admettait pas les deux
principaux articles de foi des magnétistes

---

(1) *De la Cause du Sommeil lucide* , ou *Etude de la
Nature de l'Homme* ; par l'Abbé Faria , Bramine , Docteur
en théologie et en philosophie ; ex-Professeur de philosophie à l'Université de France ; Membre de la Société Médi-
cale de Marseille. 1er vol. , in-8°. Paris, 1819. Se vend chez
madame Horiac , rue de Clichy , n° 17. Le second volume
n'est pas encore imprimé.

enthousiastes, savoir : la nécessité de la volonté pour magnétiser, et la réalité du
fluide magnétique. Il n'en fallut pas davantage pour qu'il fût traité d'hérétique. Voici
comme il s'exprime, à ce sujet, au tom. 1er,
pag. 38, 40 et 404 : « Il n'y a rien qui
» puisse justifier la dénomination de MA-
» GNÉTISME ANIMAL..... Ce mot ne prête
» aucun appui à l'inexactitude de la déno-
» mination.... A-t-on jamais prouvé qu'il
» existât une vertu *Aimantique* dans les
» procédés en usage?.... Je ne puis conce-
» voir comment l'espèce humaine fut assez
» bizarre pour aller chercher la cause du
» somnambulisme dans un baquet, dans
» une volonté externe, dans un fluide ma-
» gnétique animal, et dans mille autres
» extravagances de ce genre..... La volonté
» externe serait-elle la cause du sommeil
» *magnétique?*.... Ce qu'il y a de plus dé-
» cisif contre les partisans de cette volonté
» externe, c'est que l'expérience démontre
» qu'on endort les *Époptes* ou somnam-
» bules, avec la volonté, sans la volonté,
» et même avec une volonté contraire. »

Voici un terrible aveu d'un des plus grands magnétiseurs connus , qui avait fait une étude particulière des procédés du Magnétisme , et avait acquis , par une grande pratique , une expérience supérieure à celle de la plupart des magnétistes les plus enthousiastes et les plus opiniâtres. M. l'abbé Faria avait donc le droit d'émettre , sur le système du fluide magnétique animal, une opinion qui mérite la plus sérieuse attention , et qui a jeté tous les magnétistes dans la plus grande consternation. Voici ce que cet habile magnétiseur dit encore à la page 17 de son ouvrage : «Le Magnétisme, quant » aux procédés , n'est point absurde ni ridicule. » Il dit, page 20 : « La découverte » de cette pratique doit faire époque dans » les annales des connaissances humaines.... » Pour l'apprécier à sa juste valeur, il » faut une habileté plus que commune de » la part des juges et de leurs délégués. » Il assure, page 32 : « J'ai tenté des expériences de somnambulisme lucide sur » plus de *cinq mille* somnambules , et j'ai » vu tout ce qu'il est possible de voir en ce

» genre. » Ce premier volume, qui a été publié sous son nom, renferme des raisonnemens remarquables sur la cause du sommeil lucide, et la doctrine qu'il y professe n'offense pas autant la raison et le bon sens, que le font la plupart des écrits de certains magnétistes qui dédaignent l'abbé Faria. Les expériences et les phénomènes qu'il cite ne sont pas pour la plupart invraisemblables, et il ne répugne pas d'y ajouter foi comme aux miracles multipliés dont les relations des autres magnétistes sont remplies. Ceux-ci sont tellement accoutumés aux prodiges, qui, à les entendre, se renouvellent si fréquemment à leurs yeux, qu'ils n'y font plus d'attention et y ajoutent foi sans difficulté.

Les petits voyages que les somnambules sont accoutumés de faire pour aller, sans sortir de chez eux, visiter dans le voisinage des malades absens qui habitent la même ville ou se trouvent répandus dans les différens départemens de la France, ont merveilleusement contribué à encourager les voyages de long cours.

On a vu, ainsi que je l'ai déjà dit, des somnambules aller en *Amérique* et aux *Indes Orientales*. Mais on ne s'est pas borné là. Des magnétiseurs expérimentés sont parvenus, par la force de leur fluide magnétique animal, à faire arriver quelques somnambules jusque dans la Lune. Sans doute, ainsi qu'en physique, où la vîtesse est en raison du plus ou moins d'énergie de la force motrice, de même aussi, en Magnétisme, le somnambule se transporte d'une manière plus ou moins accélérée, en raison de l'énergie qu'un magnétiseur emploie pour former un acte mental de volonté au moment où il donne un ordre de départ à un *Hypnoscope*. C'est ainsi qu'on a pu expédier depuis peu quelques Somnambules voyageurs jusques à la *Lune*; et l'on sait que la distance de cette planète à notre globe varie de 81 mille 729 à 91 mille 119 lieues, suivant les circonstances de son cours à travers notre système planétaire. Plusieurs magnétistes ajoutent foi à ce voyage; mais ils sont un peu embarrassés pour le cons-

tater. Cependant, d'après leur propre conviction, ils n'ont aucun doute qu'on ne
puisse un jour, par le moyen du fluide magnétique animal, faire arriver un de leurs
meilleurs somnambules voyageurs jusqu'au
soleil, qui est à 34 millions 761,680 lieues
de distance de la terre, et l'engager à pousser des reconnaissances jusqu'au *Sirius* et à
l'*Arcturus*, les deux plus brillantes étoiles
suspendues à la voûte des cieux, et visiter,
chemin faisant, les autres étoiles, qui, en
général, sont 27 mille fois plus éloignées
encore de notre globe, que nous ne le
sommes du soleil.

J'ai lu plusieurs relations manuscrites
extrêmement curieuses, écrites sous la dic-
tée de somnambules voyageant dans la
Lune. Aussitôt que je pourrai me les procurer, j'aurai soin de les insérer dans nos
Archives, pour en *régaler* le public. En
attendant, je vais essayer d'en donner une
idée. On y voit que les somnambules
sont parvenus à résoudre cette question
bien intéressante, qui consiste à savoir si
les planètes sont habitées comme la Terre.

On doit être bien persuadé que ce n'est pas le fil de l'analogie qui a guidé les som-nambules dans leurs observations ; c'est sur les lieux mêmes qu'ils ont recueilli des notions justes. Cependant on ne veut pas affirmer que les objets dont ils constatèrent l'existence furent vus par eux *matérielle-ment* ou *spirituellement* ; le Grand-maître ne l'a pas encore décidé. Ce qu'il y a de certain, c'est que les hypnoscopes magné-tiques ont vérifié qu'il existait réellement dans la *Lune* des êtres vivans et sensibles, qui jouissent, comme nous, du spectacle de la nature et de ses avantages ; qu'ils naissent, se reproduisent et périssent de la même manière. La description qu'ils donnent de ces êtres *lunaires* ne les repré-sente pas sous un aspect agréable, ni doués d'une intelligence supérieure à la nôtre. Ils leur donnent une forme aplatie et une démarche rampante. Il est difficile d'aper-cevoir dans cette description peu intelli-gible, une créature ressemblant à l'homme. Peut-être n'ont-ils vu qu'un animal. Lors-qu'on aborde un monde nouveau, il est

rare d'y apercevoir au premier coup-d'œil
ce qu'il y a de plus intéressant à observer.
Quant à l'organisation de la matière à la
superficie de cette planète habitée, ce qu'ils
ont vu leur a paru d'une couleur verdâtre,
à-peu-près semblable à celle qui recouvre
la surface de la terre, et ayant les mêmes
propriétés générales. On pourrait croire,
d'après cet exposé, que les somnambules
n'ont considéré les choses que dans le lointain. Ils n'auraient donc pas véritablement
mis *pied à terre* sur le sol de la Lune ? Cette
conduite prudente leur était recomman-
dée, pour ne pas s'exposer à être dévorés
par les bêtes féroces qu'ils pouvaient y
rencontrer. Nos somnambules n'ont rien
dit sur la question importante de l'atmosphère de la lune ; ils n'ont pas pensé à observer si cette planète est environnée d'une
couche de fluide plus dense que celui qui
remplit les espaces entre les corps célestes.
Ils auraient dû cependant apercevoir des
montagnes dans la Lune, puisque Galilée a
mesuré géométriquement la hauteur de
l'une de ces montagnes, par la projection

des ombres. Il a trouvé qu'elle était du double plus haute que les pics les plus élevés que nous connaissons sur la terre. Quoi qu'il en soit, les *Hypnoscopes* ne sont pas positivement en contradiction avec les savans astronomes qui, d'après les observations précises et multipliées qu'ils ont faites sur la réfraction que devaient éprouver les rayons de lumière en passant à travers l'atmosphère lunaire, ont prononcé que, si cette atmosphère existe, elle doit être d'une rareté extrême, environ mille fois moins dense que celle de la Terre, et supérieure à celle du vide qu'on forme dans les meilleures machines pneumatiques. Il s'ensuit que les animaux terrestres, auxquels l'air est absolument nécessaire, ne pourraient respirer et vivre sur la lune. D'où l'on conclut que, si cette planète était habitée, ce ne serait que par des êtres d'une espèce particulière.

D'autres phénomènes magnétiques, moins brillans peut-être, mais aussi miraculeux, en raison des conséquences qu'on peut en tirer, ont été présentés par l'auteur de la *Défense du Magnétisme animal*, pour combattre son adversaire, qu'il essaie aussi de mettre en contradiction avec lui-même. Il veut, en outre, le convaincre avec certains aphorismes recrutés dans le domaine des hypothèses.

Pour dernière analyse, jetons un coup-d'œil sur ces phénomènes, sur ces aphorismes, et sur les contradictions attribuées à l'auteur de l'*Examen impartial*, etc.

Ceux qui liront la *Défense du Magnétisme animal* pourront se former une idée de la logique de l'auteur, de la force de ses raisonnemens, et de l'effet que cette logique et ces raisonnemens ont dû produire sur l'esprit d'un adversaire incrédule; car celui-ci, en admettant les phénomènes les plus éclatans du Magnétisme, rejette les faits invraisemblables, non prouvés, attribués au Magnétisme, et il repousse les aphorismes hypothétiques non démontrés et contraires aux saines idées reçues par les savans. L'auteur de la *Défense du Magnétisme animal*, auquel, dans cette circonstance, on pourrait peut-être reprocher de manquer de jugement, n'en persiste pas moins à mettre en avant les faits équivoques et des principes contestés, présentés sous la forme d'Aphorismes auxquels il a ajusté des miracles qui ont opéré sa propre conviction. Si on prouve la fausseté des faits et des principes, alors le système du Magnétisme animal est renversé de fond en comble.

Ces principes ou aphorismes ont un air de famille avec les aphorismes de Mesmer, sur lesquels on voit qu'ils ont été calqués. Je vais en choisir un petit nombre pris au hasard. Ils offrent les propositions suivantes, transcrites textuellement, mais avec quelques légers changemens nécessaires, et sans en altérer le sens. On pourra le vérifier.

I. « La substance spirituelle agit sur la » substance spirituelle, et le mobile de » cette action, c'est la volonté. » (Voyez page 25 de la *Défense du Magnétisme animal.*)

La conclusion que les magnétistes tirent de cet aphorisme, est que l'esprit ou l'âme d'un magnétiseur peut faire agir, mouvoir et obéir l'esprit ou l'âme d'un magnétisé, par un acte de la volonté du magnétiseur, au moyen d'un geste de la main, ou même sans geste, sans contact, sans l'intervention des sens, et dans une indépendance entière des agens physiques. Les magnétistes ont proclamé dans tous leurs écrits ce faux principe, que tout homme raisonnable est en état d'apprécier et de juger ; mais ceux-là avaient besoin de preuves : aussi ont-ils fabriqué, à plaisir, des miracles auxquels eux seuls ajoutent foi, et qu'eux seuls ont vus. Je vais prouver ci-après qu'ils donnent eux-mêmes les moyens de les convaincre de méprises et d'illusions dont leur imprévoyance les rend victimes.

II. « L'esprit et la matière agissent réciproquement l'un sur l'autre. » (pag. 25, *ibid.*)

C'est d'après ce principe hardi, que des *ultrà magnétistes* prétendent que, par un acte mental d'une forte volonté dont l'énergie aurait un degré d'intensité convenable, l'esprit pourrait agir sur la matière inerte, et la faire mouvoir d'une manière sensible. Ils invoquent en faveur de cette folle opinion, des faits miraculeux et inouis ; j'en publierai incessamment dans nos Archives une relation, dans laquelle on raconte qu'un crisiaque, par la force de sa volonté, et en fixant avec ses yeux un mur élevé, serait parvenu à l'ébranler, et enfin à le renverser. Ce fait, qui est attesté par des témoins et rapporté par des prêtres respectables, n'est pas mieux prouvé que tous les miracles invraisemblables du Magnétisme animal. Il est absolument la conséquence de la proposition précédente, et sur laquelle est établie la croyance aux revenans qu'on suppose avoir la faculté de remuer la matière.

Pour compléter les conséquences qu'on pourrait tirer de la proposition précédente, il faudrait également citer des faits inverses qui prouvassent l'action réciproque de la matière sur un être animé, sans l'intervention d'un agent physique. Je veux parler des conjurations faites sur des figures de cire. Je traiterai ailleurs ce sujet, dans un article séparé.

10*

III. « Le Magnétisme est l'influence de
» l'être spirituel sur l'être spirituel, et par
» lui, sur la matière organisée. » (pag. 26,
ibid.)

Cette proposition, qui semble être la définition du Magnétisme animal, présente
les mêmes idées, les mêmes principes et
les mêmes conséquences qui ont été déduits
de la proposition qui précède.

IV. « Considéré comme cause, le Magné-
» tisme est indépendant de la matière et du
» mouvement, et conséquemment du mon-
» de physique; mais il n'en est pas moins
» une cause naturelle, puisqu'elle est dans
» la nature, et l'une des grandes lois éta-
» blies par le Créateur. » (Pag. 26, *ibid.*)

Ce sont toujours les mêmes principes
sur lesquels les magnétistes ont fondé la
réalité d'un fluide magnétique animal,
fluide qui sort à volonté des doigts du
magnétiseur, avec une entière indépendance de toute espèce d'action physique.
C'est d'après cette proposition que des magnétistes donnent également à ce fluide
magnétique la dénomination de *fluide de*

(149)

la volonté. L'auteur de la *Défense du Magnétisme animal*, auquel ce fluide a été révélé, n'y voit qu'une cause très-naturelle ; il assure que cette cause est dans la nature, et qu'elle est une des grandes lois établies par le Créateur. Qui osera désormais ravir au Père des vrais croyans les honneurs de l'invention pour une découverte aussi sublime ? C'est à lui seul que nous devons la connaissance de cette grande loi de la Nature, loi générale, appelée *la loi du fluide de la volonté ;* et tous les faibles mortels, Philosophes, Savans, Physiologistes et autres, etc., etc., n'avaient pu jusqu'à présent la soupçonner.

V. « Les faits qui prouvent une influence » directe des êtres vivans, indépendam- » ment des agens physiques, se sont accu- » mulés, et l'on a donné le nom de » *Magnétisme animal* à la cause qui les » produit. » (pag. 28, *ibid.*)

Cette proposition, qui tend à prouver qu'une infinité de miracles magnétiques se sont accumulés, prouve encore bien autre chose ! Elle prouve que l'auteur de la *Défense du Magnétisme animal* est entraîné malgré lui par une forte conviction, à laquelle rien ne résiste ; elle prouve qu'il y a sacrifié sa raison, et qu'il s'est contenté de quelques faits mal saisis, pour établir une théorie générale ; elle prouve qu'il est inébranlable dans sa foi ; elle prouve que sa croyance inaltérable à cette grande loi du fluide de la volonté a rivé les chaînes qui retiennent son esprit captif, et dont il est impossible peut-être qu'il puisse jamais se dégager. Mais aussi la carrière des miracles est si séduisante ! Peut-on l'abandonner lorsqu'on est parvenu à s'y distinguer dans un degré si éminent ? Il est si flatteur de se faire admirer en faisant du bien à ses semblables et en soulageant l'humanité souffrante ! Quelle jouissance de recevoir les hommages du petit troupeau des vrais croyans, et d'exercer son empire sur des femmes aimables et crédules ! N'est-ce pas aussi partager un des attributs de la Divinité, que de pouvoir, d'un seul geste de la main, rendre la santé à un malade, et dire à un paralytique :

Lève - toi et marche , je te l'ordonne ;
et à l'instant le voir se lever et marcher
sans douleur ?

VI. « Un arbre magnétisé devient un
» réservoir magnétique où les malades
» éprouvent des sensations et du soula-
» gement. » (pag. 96, *ibid.*)

Parvenu à ce haut degré de perfection ,
au point de jouir des attributs de la Divinité , aucun mortel ne pourrait empêcher
nos thaumaturges d'entasser miracles sur
miracles. Aussi le magnétiste use-t-il large-
ment de son pouvoir : tous ses pas sont se-
més de prodiges. Pour les opérer, il lui suffit
de former un souhait , c'est-à-dire un acte
mental de volonté. Ne semble-t-il pas que
nous soyons transportés dans le royaume
des Fées ? Lorsque les magnétiseurs , et il
ne faut pas en douter, seront parvenus ,
avec un acte mental , à faire paraître à
l'instant une table bien servie devant un
incrédule affamé , je réponds alors de la
conversion du mécréant : mais ici il ne s'agit
que d'un miracle très-ordinaire , car les
magnétistes , en le racontant avec une sorte

d'indifférence, y font à peine attention.
Ce miracle consiste à infuser dans un arbre un fluide magnétique qui s'échappe du
bout des doigts du magnétiseur ; et faites-y
bien attention ! le geste doit être toujours
accompagné de la volonté. On conduit un
malade sous l'arbre ; on lui dit qu'il y
éprouvera des sensations, qu'il sera guéri :
jusques ici, rien d'invraisemblable. En
frappant l'imagination d'un être souffrant ,
on peut attendre des effets surprenans ;
mais on vous enjoint de croire que ce n'est
pas l'imagination du patient qui opère, et
que c'est le fluide seul du Magnétiseur qui
agit. J'ai vu faire et j'ai fait plusieurs expériences contradictoires au sujet des arbres
magnétisés ; toutes ces expériences ont mis
en défaut les prétentions non fondées des
Magnétistes.

VII. « Les magnétiseurs croient qu'un
» objet magnétisé est chargé du principe
» d'action émané d'eux, et ce principe d'ac-
» tion peut s'entretenir, se fortifier, en
» renouvelant l'action magnétique. » (page
141 , *ibid.*)

Ici l'auteur de la *Défense du Magnétisme animal* nous indique que c'est en magnétisant qu'on peut entretenir, fortifier et renouveler ce précieux fluide qui sort du bout des doigts de tous les mortels. On connaît les procédés employés pour magnétiser avec des passes et des gestes; ainsi, lorsque le fluide magnétique, dont toutes les fibres d'un arbre avaient été injectées, commencent à s'évaporer ; lorsqu'un verre d'eau magnétisé cesse d'en être suffisamment saturé; lorsqu'un mouchoir, un anneau, etc. etc., perdent une partie du fluide électro-magnétique animal, dont ces objets avaient été imprégnés ; il suffit d'étendre le bras, de remuer les doigts en les ouvrant et fermant alternativement ; puis de la main parcourant avec grâce tous les contours des objets sur lesquels on veut de nouveau faire pénétrer une plus forte dose d'aimant animal, ainsi que je l'ai vu pratiquer et l'ai pratiqué moi-même, sans oublier l'acte mental de volonté; alors l'action magnétique reprend toute sa force, toute son énergie, et les miracles se re-

(154)

produisent d'une manière visible et incontestable pour les seuls vrais croyans.

VIII. « Il est assez rare qu'on ait fait
» éprouver des effets magnétiques à quel-
» qu'un, sans l'avoir prévenu qu'on vou-
» lait le guérir, sans s'être mis en rapport.
» Il n'est pas convenable de tenter ces
» sortes d'expériences. » (Page 157, *ibid.*)

Oh ! pour le coup, voici un aveu auquel
on ne s'attendait pas. L'auteur de la *Défense
du Magnétisme* se repentira d'avoir fait cet
aveu avec tant de candeur. Ne vient-il pas
de déjouer lui-même sa propre doctrine
sur les effets miraculeux du fluide électro-
magnétique animal ? Comment pourra-t-il
dorénavant se défendre du juste reproche
qu'on lui a déjà fait, de s'être mépris si
grossièrement sur les vraies causes des effets
dits magnétiques, et d'attribuer aussi gra-
tuitement à un fluide idéal des phénomènes qui dérivent si naturellement de sensations excitées et d'émotions si visiblement
opérées sur l'imagination d'un malade auquel on annonce avec assurance qu'il va
indubitablement être guéri ? L'auteur de la

Défense du Magnétisme animal confesse
donc qu'il est assez rare qu'on ait fait éprouver des effets magnétiques à quelqu'un, sans
l'avoir prévenu qu'on voulait le guérir ,
et il ajoute qu'il n'est pas convenable de
tenter ces expériences , c'est-à-dire qu'on
ne doit jamais essayer de guérir quelqu'un
sans le prévenir auparavant qu'on va pro-
céder à sa guérison ; il vaudrait tout autant
dire *qu'il faut prévenir auparavant l'imagination du malade, etc.* Or, on sait que l'auteur de la *Défense du Magnétisme animal* a
une conscience très-timorée; c'est une justice
à lui rendre. Il est probable qu'il ne se sera
jamais permis d'agir contre sa conscience.
Donc il serait pour ainsi dire évident qu'il
n'a jamais voulu se permettre aucune expérience contradictoire. Donc les phénomènes magnétiques de sa façon, et cités
dans tous ses écrits, n'ont été produits
qu'après avoir intimé consciencieusement
ses intentions à toutes les personnes qu'il
voulait magnétiser. Donc il a employé vis-
à-vis de ces personnes les procédés du
Magnétisme, qui tendent tous à émouvoir

l'imagination du patient. Donc ce n'est point
un fluide animal sorti des doigts des magnétiseurs, qui opère les phénomènes magnétiques. Mais l'auteur de la *Défense du
Magnétisme animal* opposera, sans doute,
à cet argument, les phénomènes qu'il a
obtenus sans compromettre sa conscience.
Je veux parler du Magnétisme qu'il dit
avoir exercé sur des enfans en bas âge,
et qui assurément ne pouvaient pas être
soupçonnés de compérage. Ici la réponse
est difficile, car si on lui objecte les effets
du *fluide de l'illusion*, et si on exige la
répétition de ces phénomènes en présence
de témoins, on se doute d'avance que
de pareils miracles ne peuvent se prouver
que par l'infaillibilité de celui qui les atteste. J'ai aussi entendu, dans un cercle
très-nombreux, la relation de ce phénomène miraculeux, d'un enfant au berceau,
qui, étant magnétisé, se leva sur son séant,
se mit à parler avec force et énergie, et
donna des réponses étonnantes sur l'état de
santé d'une personne malade et absente.
Ce miracle, que plusieurs de mes lecteurs

se rappelleront d'avoir entendu raconter, n'a eu pour témoin que ceux qui y croient, et beaucoup de magnétistes l'ont cru sur parole et le répètent avec enthousiasme.

IX. « Je crois aux émanations de moi-
» même, parce que ces effets se produi-
» sent sans que je touche le malade, et
» que rien ne produit rien : *Ex nihilo*
» *nihil*. J'ignore la nature de cette émana-
» tion ; je ne sais si elle est matérielle ou
» spirituelle. Je ne sais à quelle distance
» elle peut s'étendre ; mais je sais qu'elle
» est lancée et dirigée par ma volonté ;
» car lorsque je cesse de vouloir, elle n'a-
» git plus. » (p. 172 , *ibid.*)

Voici, bien certainement, un passage po-sitif, qui met en évidence le dogme d'un fluide magnétique animal, d'un fluide de la volonté, qui sort ou ne sort pas du bout des doigts ; car il ne peut agir par lui-même, étant soumis à un acte mental en vertu duquel il doit être mis en action. Ce pas-sage, qui est véritablement un acte de foi, puisqu'il n'est accompagné d'aucune dé-monstration, d'aucune preuve, a déjà été mentionné plus haut, et il y est accompagné de réflexions qu'on a dû lire aux pages 117 et 118 qui précèdent.

Forcé par l'entraînement qui me pousse, à rentrer dans la discussion, je dirai que l'auteur de cet acte de foi n'a mis aucun voile sur sa pensée, ni sur ses expressions. Il croit de bonne foi et avec une conviction inébranlable, que son *fluide de volonté* peut, avec un acte mental, s'échapper du bout de ses doigts, avec toutes les qualités d'un fluide pénétrant, et s'élancer sans contact et à distance, comme un éclair, vers un être vivant sur lequel il veut exercer une influence pour arriver directement jusqu'à l'âme. qui réside dans le corps de la personne qu'il magnétise, afin de lui intimer un ordre.

Qu'on n'aille pas ici confondre ce prétendu fluide animal, ce fluide de la volonté, avec les *émanations*, avec la *chaleur animale*, qui produisent aussi les effets les plus surprenans, et qui sont, et toujours seront, pour les magnétistes entêtés, une source intarissable d'illusions.

Ces *émanations*, cette *chaleur animale*, existent dans tous les corps vivans, en émanent continuellement, ou plutôt s'élancent de tous les corps qui, dans certaines circonstances, agissent les uns sur les autres et exercent à distance une action réciproque. La sphère d'activité de cette action est illimitée pour nous, car les limites nous en sont encore inconnues. Nous en donnerons bientôt quelques exemples. Les magnétistes qui, pour la plupart, ne connaissent que très-imparfaitement les lois de la physique, n'ont jamais pu comprendre que ces *émanations*, que cette *chaleur animale*, pouvaient produire entre des corps vivans, sans contact et à distance, des sensations qui, en avertissant les sens, pouvaient amener des crises et des phénomènes remarquables, qui tous rentrent dans le domaine de l'imagination. Le célèbre A. L. de JUSSIEU, savant physiologiste, déjà cité plus haut, pages 37 et 38, et qui, parmi les médecins, a observé et pratiqué avec le plus de bonne foi et de sagacité les procédés du Magné-

tisme, est le premier qui, dans son rapport particulier, imprimé en 1784, a dit
que les *émanations* et la *chaleur animale*
étaient au nombre des causes qui peuvent
produire des effets, par la pratique des
procédés dits du Magnétisme animal. D'a-
près cette proposition, on peut expliquer
sans difficulté les sensations qu'on pourrait
produire à distance et sans contact sur des
somnambules parfaitement endormis, et
même sur les yeux desquels on aurait eu
la précaution de mettre un bandeau.

Nous avons déjà suffisamment discuté
les causes qui produisent des phénomènes
magnétiques par le frottement et le contact :
en les attribuant à l'imagination, c'est être
d'accord avec tous les savans physiologistes
et avec le bon sens. L'irréflexion, l'opiniâtreté et l'ignorance, qui sont les attributs
de l'esprit de parti, ont pu seules s'y opposer; mais il s'agit ici de phénomènes
magnétiques produits à distance et sans
contact.

Qui pourrait nier qu'un magnétiseur
musqué, dont les émanations odorantes

peuvent plus ou moins s'étendre, n'aurait pas, quoiqu'absent, donné l'éveil à son somnambule, endormi dans une autre maison, et par ce moyen lui annoncer son arrivée. Le somnambule, averti par l'odeur du musc, aurait dit : Mon magnétiseur arrive, il est dans la maison, il est dans la chambre voisine, j'en suis sûr. Cette supposition n'est pas invraisemblable, car je pourrais citer des personnes qui, sans être somnambules, ont éprouvé par le musc des sensations aussi extraordinaires. Les assistans, qui ne savent rien de l'arrivée du magnétiseur, et qui le croient très-éloigné, ne peuvent revenir de leur surprise en le voyant entrer à l'instant. Je les excuse de crier, miracle! mais en y réfléchissant, ce n'est là qu'un phénomène très-naturel qui, étant produit par une émanation dont est dérivée une sensation sur l'organe de l'odorat, rentre naturellement dans le domaine de l'imagination.

Si le magnétiseur approche la main, sans contact et à distance, du visage d'un

somnambule plongé dans le sommeil magnétique, qu'arrive-t-il alors? C'est qu'indépendamment de la chaleur de la main,
la respiration du somnambule se répercute
entre la main et le visage, et il en résulte une
sensation produite par la chaleur animale.
Dans cette supposition, il pourrait arriver
des phénomènes magnétiques qui rentre-
raient également dans le domaine de l'imagination.

On peut se figurer un plus grand nombre
d'hypothèses de ce genre : Et n'en dou-
tons pas, la nature produit une infinité de
phénomènes des plus extraordinaires, qui
souvent nous paraissent inexplicables,
incompréhensibles, mais qui dérivent des
émanations et de la chaleur animale. Ce
que je viens de dire est très-important et
doit nous engager, pour nos observations,
à adopter une méthode expérimentale, afin
de nous prémunir contre toutes les espèces d'illusions. Les *Magnétistes* qui, par
opiniâtreté et par esprit de parti, ne veulent point d'expériences et rejettent la vérité, comme étant contraires à la foi magné-

tique, blâmeront sans doute mes réflexions, et je comprends parfaitement qu'ils regarderaient comme une chose très-aisée de me forcer dans mes retranchemens, en me présentant des phénomènes plus difficiles à résoudre. Je leur répondrais alors avec CICÉRON : *Quidquid oritur, qualecumque est, causam habeat à naturâ necesse est. etc.* (1)

Quant à l'auteur de la *Défense du Magnétisme animal*, qui a plus d'esprit et d'imagination que tout autre, et dont les raisons séduisent par l'apparence de la vérité, il m'objectera que les émanations dont je veux parler ne sont qu'externes, et qu'on ne doit faire attention qu'aux émanations inhérentes à l'organisation des êtres vivans qui exercent entre eux une action réciproque ; il me dira que l'émanation d'un magnétiseur n'est pas toujours du musc ; que cette émanation qui s'échappe véritablement du corps de ce magnétiseur

---

(1) *Voyez* le passage en son entier, avec la traduction, à la page 14.

11*

et par le bout de ses doigts, est une émanation inodore, une émanation de volonté, ou si l'on veut un fluide de volonté, un fluide électro-magnétique animal, matériel ou spirituel, *ad libitum.*

A de pareilles objections comment pourrais-je répondre? par le silence; et j'attendrai que l'auteur de la *Défense du magnétisme animal* me donne la permission de dire avec le célèbre Locke : « Qui sait si Dieu n'a » pas pu rendre la matière pensante? » (1)

J'ai promis plus haut de citer quelques faits sur la sphère d'activité des *émanations animales*, et je vais tenir parole. Nous ignorons encore jusqu'où les émanations animales peuvent s'étendre, et avec quel degré de vîtesse elles s'élancent. Un petit nombre d'exemples suffira pour en donner une idée, et je les présente ici à l'appui de mes réflexions sur les illusions auxquelles des magnétiseurs peuvent être exposes, en observant les phénomènes dits magnétiques,

---

(1) *Voyez* ci-dessus, page 65.

produits sans contact et à distance par des émanations animales.

J'indiquerai de préférence les faits qui, relatifs à mon objet, se trouvent dans un article fourni par l'auteur même de la *Défense du Magnétisme animal.* Cet article est inséré dans les *Annales* de notre Société, N° XV, 3ᵉ trimestre, 1ᵉʳ février 1815, pag. 150 et suivantes. L'auteur de cet article n'aime pas les FRANCS-MAÇONS ROSE-CROIX, et il dit en passant, pag. 163, que cette Confrérie ou Société *ne saurait être tolérée par la Religion chrétienne.* Il cite le Père *Robert*, jésuite, dont il paraît avoir adopté les opinions à ce sujet. Ce charitable jésuite, dans ses écrits, accable les Francs-Maçons Rose-Croix de calomnies et de médisances, sans aucune distinction, de manière à faire croire qu'il n'est pas possible d'être honnête homme, si on est Franc-Maçon Rose-Croix. Est-ce là annoncer un jugement sain et équitable ? Mais comme la Franc-Maçonnerie n'est pas l'objet dont je veux m'occuper, je dirai également, en passant, que l'auteur de la *Défense du Magnétisme*, qui a le tact fin et un jugement aussi équitable que celui du jésuite Robert, passe en revue divers auteurs bien connus, et parle de plusieurs traits remarquables de sympathie et d'antipathie, etc., ainsi que de phénomènes qui dérivent des émanations animales. Il en tire des inductions et des conclusions toutes favorables au système du fluide électro-magnétique animal, à ce fluide merveilleux de la volonté, qui sort généralement d'une manière si miraculeuse de la main de tous les hommes, et particulièrement, à un degré très-éminent, du bout des doigts des magnétistes thaumaturges les plus exercés.

Un médecin italien, *Servius, de Spolette*, qui est cité dans le N° XV des *Annales du Magnétisme animal*, p. 167, pour prouver que le chien peut être affecté, à de très-grandes distances, par les émanations de l'homme, rapporte qu'un chien laissé en France par son maître, vint, plusieurs jours après, le retrouver en Italie. — Le même Servius atteste le trait étonnant d'un chien appartenant à son frère. Celui-ci habitait Rome et faisait de fréquens voyages à Spolette, éloigné de plus de 20 lieues, et laissait son chien à la maison. Au premier voyage, cet animal devint extrêmement triste et mangeait très-peu. Lors du retour du frère de Servius, et long-temps avant qu'il n'approchât de la maison, le chien se mit à aboyer et à témoigner beaucoup d'impatience. On lui ouvrit la porte. Il partit aussitôt et alla rejoindre son maître sur la route. Si cela ne fût arrivé qu'une fois, on aurait pu l'attribuer au hasard ; mais toutes les fois que le maître du chien partait pour Spolette, l'animal redevenait triste, restait toujours couché et mangeait peu. Régulièrement il pressentait le retour de son maître, et bien avant son arrivée il reprenait sa gaîté, mangeait, sautait. Cela était si bien connu, que tous les gens de la maison savaient, par ce moyen, que le frère de Servius allait arriver. — Un autre fait est arrivé aux Capucins de *Jesi*, petite ville dans l'Etat Romain. Ils avaient un chat qu'ils voulurent envoyer dans une maison, à quatre lieues de cette ville. On transporta le chat dans un sac; mais l'animal revint le lendemain à Jesi. — J'ai aussi connaissance d'un fait qui m'a été attesté. Un chat aux environs d'Etampes, en 1801, fut transporté à la campagne dans un panier, à une distance de sept lieues, et le surlendemain il était retourné lui seul à son premier gîte. — Dans le *Dictionnaire des Merveilles de la Nature*, 3 vol. in-8°; Paris, 1802, par A. J. Sigaud de la Fond, on lit au tom. II, pag. 282, qu'un particulier, en 1777, s'étant présenté pour entrer au Waux-Hall de la Foire Saint-Germain à Paris, fut obligé de laisser son chien au corps-de-garde. Peu de temps après, le particulier s'aperçut qu'on lui avait volé sa montre. Il retourna aussitôt au corps-de-garde, fit sa déclaration et dit au commandant du poste, que si on lui permettait de rentrer dans le Waux-Hall avec son chien, il découvrirait le voleur, et par ce moyen retrouverait la montre. On le lui permit. Toutes les précautions ayant été prises, le maître commanda à son chien de chercher la montre. Le chien se mit en quête, et bientôt s'attacha opiniâtrement au voleur, qui fut arrêté, fouillé et convaincu. On lui trouva six montres, qui furent exposées devant le chien, et l'animal prit, sans se tromper, celle de son maître, et la lui apporta. — Je placerai à côté de ces faits singuliers ceux d'un chien de chasse épagneul que j'ai possédé assez long-temps. Ces faits ne paraîtront peut-être pas déplacés à côté de ceux que je viens de citer. Je laissais tomber exprès, ou je cachais, à l'insu de mon chien, un mouchoir ou d'autres objets à mon usage. Après m'en être éloigné d'un quart de lieue, et quelquefois davantage, je commandais au chien de chercher ce que j'avais perdu. Il se mettait en quête en faisant plusieurs détours; puis dirigeant sa marche vers l'objet caché, il me le rapportait en peu de temps. J'ai répété l'expérience avec une pièce de six liards. Je cachais cette petite monnaie tantôt dans le fond d'un épais taillis, d'autres fois au milieu d'un pré ou dans les champs, toujours à l'insu du chien, qui, d'après mon commandement, ne manquait presque jamais d'aller chercher cette monnaie et de me la rapporter. L'instinct de cet animal m'a été quelquefois utile pour retrouver des objets que j'avais réellement perdus. Je dois encore dire à sa louange qu'il éventait le gibier à de très-grandes distances. Souvent il tombait en arrêt avec immobilité. Alors j'avançais dans la direction indiquée, et souvent ce n'était qu'au bout de trente ou quarante pas que je faisais lever le lièvre qui était au gîte, et dont le chien, ainsi que je l'ai bien remarqué, ne pouvait avoir connaissance que par le sens de l'odorat, et non par celui de la vue. — Un fait ancien, que j'aurais dû citer auparavant, mérite de trouver place ici. Il est rapporté par le P. *Schott* (1), jésuite, dans un de ses ouvrages, intitulé : *Physica curiosa sive mirabilia naturæ, etc.* 2 vol. in-4°. Il nous apprend que du temps de l'empereur Justinien il y avait à Constantinople un charlatan qui, sur les places

____

(1) *Schott* (Gaspard), savant jésuite, né à Kœnisberg en Franconie, en 1608, mort en 1666 à Wurtzbourg.

publiques, invitait les spectateurs qui l'entouraient souvent, de jeter à terre les anneaux de leurs doigts, en assurant que son chien les ramasserait les uns après les autres, et irait les porter à ceux auxquels ils appartiendraient. L'expérience se faisait publiquement et avec tout le succès que cet homme promettait. Les faits que je viens de citer prouvent que les émanations animales agissent d'une manière bien extraordinaire. — Veut-on des exemples plus étonnans encore? Qu'on lise un ouvrage écrit en arabe par un savant étranger, MICHEL SABBAGH, né dans le Levant, et dont nous devons la traduction à un Académicien célèbre, M. le baron *Silvestre de Sacy*, membre de l'Institut, et l'un des hommes les plus profonds dans la science des langues orientales. Cet ouvrage est intitulé : *La Colombe messagère, plus rapide que l'éclair, plus prompte que la nue* (1). On y voit que l'usage de dresser des colombes messagères remonte jusqu'à

----

(1) *La Colombe messagère*, etc., par *Michel Sabbagh*, ouvrage écrit en arabe, traduit, avec le texte en regard ;

Noé, qui, en effet, étant renfermé dans l'arche, lâcha une colombe pour s'assurer de l'état où les eaux du déluge avaient laissé la terre. Il y est ensuite fait mention des différentes époques auxquelles la poste aux pigeons fut réellement établie sous le règne des Sultans, à Alep, à Bagdad, etc., etc. On y lit que vers l'an 1150 et 1160 le sultan Nour-Eddin, pour faciliter les opérations de son gouvernement, faisait entretenir des pigeons messagers dans toutes les places de sa domination. Ils y étaient dressés de manière à porter et à rapporter des lettres à de très-grandes distances et avec une extrême célérité ; ce qui s'exécutait avec un plein succès. Cette méthode n'a pas toujours été employée avec autant de soin ; mais elle ne s'en est pas moins perpétuée jusqu'à nos jours. — Le *Dictionnaire d'Histoire naturelle*, de Valmont de Bomare, édit. in-8°, Paris, 1775, nous apprend,

par M. le baron Silvestre de Sacy, membre de l'Institut. 1 vol. in-8°. De l'imprimerie impériale. Paris, 1805. Se vend chez Galland, libraire au Palais-Royal, galerie de bois, n° 223.

à la page 10 du tome VII, que des mariniers en Egypte, ainsi qu'en Candie et en Chypre, ont soin d'avoir des pigeons messagers à bord de leurs navires, pour les lâcher lorsqu'ils approchent de terre, afin de se faire annoncer chez eux : Que le consul à Alexandrette s'en sert pour communiquer promptement avec Alep, distant de trente lieues : Que les caravanes qui voyagent en Arabie font par le même moyen connaître leur marche aux différens Souverains arabes avec lesquels elles ont intérêt de communiquer. — Cette méthode a été mise aussi quelquefois en usage en Europe. On rapporte qu'en 1574 et 1575 le prince d'Orange se servit de pigeons messagers lors des siéges de Harlem et de Leyde. Le *Nouveau Dictionnaire d'Histoire naturelle*, imprimé chez Déterville, rue Hautefeuille, n° 8, fait mention du pigeon messager, *columba tabellaria*, au tome XXVI, pag. 304, in-8°. Paris, 1818. Il y est dit que le pigeon *cravate anglais bleu* fait cette fonction (de messager) dans la Belgique. J'ajouterai aussi qu'il n'y a pas un an que des Anglais ont fait ainsi voyager des pigeons de Hollande en Angleterre. (*Voyez* les gazettes.....) On peut dire que la poste aux pigeons est une espèce de Télégraphe (1), mais inférieur sans doute, à beaucoup d'égards, à la méthode télégraphique. Quoi qu'il en soit, l'espèce de pigeon dont on se sert dans le Levant pour en faire des messagers, s'appelle en arabe *Hamâm*. Le principal procédé employé pour dresser les pigeons au métier de messager, était de les faire séjourner quelque temps dans les pays où on voulait par la suite les envoyer; ce qui était nécessaire afin de les accoutumer à connaître l'horizon de ces différens pays pour y aller et en revenir. Lorsqu'ils étaient bien éduqués, ces pigeons se vendaient dans le Levant jusqu'à mille pièces d'or la paire, et le double lorsqu'ils étaient dressés à aller en deux et trois endroits, ainsi qu'il

---

(1) *Télégraphe*, machine dont les mouvemens indiquent des signes convenus à de grandes distances. Ce mot est dérivé du grec τῆλε (télé), *loin*; et de γράφω (grapho), *j'écris*. Ce terme signifie à la lettre, *écrire de loin*.

(175)

est dit dans l'ouvrage cité plus haut, *la Colombe messagère*, pag. 42 et 72. Il y est encore fait mention, pag. 76, que ces pigeons messagers font mille parasanges (1) et plus en un jour, ce qui ferait plus de 1200 de nos lieues à 2500 toises la lieue, d'après les évaluations de la parasange, ce dont je ne suis pas garant. Quoi qu'il en soit, on en expédiait de Smyrne à Alep, et d'Alep à Bagdad, à des distances d'environ 200 lieues. On peut lire des détails curieux sur la poste aux pigeons dans le tom. I des 3e et 4e éditions du *Voyage de M. de Volney en Égypte et en Syrie.*

Voici enfin le phénomène sur lequel je veux appeler l'attention du lecteur. Ces pigeons n'avaient encore voyagé que dans des cages. Lorsqu'on voulait les employer au service de messager, on leur attachait le billet

____

(1) *Parasange*, mesure itinéraire chez les anciens Perses. Une parasange était évaluée à environ 30 stades grecs; le stade grec est de 125 pas géométriques; le pas géométrique est de 5 pieds. D'où il résulte qu'une parasange serait de 3125 toises; mais selon M. Pancton, cité dans l'*Encyclopédie méthodique*, la parasange est évaluée à 2568 toises.

dont ils devaient être porteurs ; puis on les lançait en pleine liberté. Ils s'élevaient dans les airs et prenaient ensuite leur vol jusqu'au pays où ils avaient déjà habité. Or, on demande 1° si des émanations leur servaient de guide ? 2° si le seul souvenir du pays où ils retournaient pour la première fois en liberté, suffisait pour leur direction à travers les airs ? 3° Voudrait-on croire qu'à l'époque où ils habitaient ce pays lointain, ils y eussent eu la fantaisie d'en parcourir les alentours jusqu'à 2 ou 300 lieues et plus, ce qui ne serait peut-être pas impossible, mais bien difficile à supposer ? 4° Une quatrième opinion, qui rentrerait dans la première, consisterait à dire que les oiseaux, ainsi que le pensent quelques naturalistes, ont des émanations plus subtiles que celle des animaux sans plumes, et que ces émanations forment autour des oiseaux une espèce d'atmosphère particulière. En voulant poursuivre cette idée, qu'on appellera hypothétique ou systématique, si on veut, serait-il absolument inadmissible que ces pigeons, pendant leurs voyages terrestres, n'eussent répandu sur leur route des traînées de leurs émanations, dont les atômes auraient eu la propriété d'établir pendant un temps plus ou moins long une communication entre les pigeons et les différens pays où ils auraient eu des habitudes? Cette dernière opinion ne pourrait-elle pas être appuyée de l'expérience qui suit? Elle consisterait à transporter en cage, à des distances plus ou moins éloignées, d'abord de 5, 10 ou 20 lieues, des pigeons dont les petits auraient été laissés au colombier. Il est probable que ces pigeons, transportés à différentes distances et sans avoir été dressés à de tels voyages, retourneraient tout de suite à leur gîte, aussitôt qu'on les aurait mis en liberté. Je laisse aux naturalistes habiles à prononcer sur ces différentes opinions, dont ils dédaigneront peut-être de s'occuper, comme ne méritant pas leur attention. Cependant il paraîtrait que les Physiologistes arabes y ont réfléchi. J'ignore comment ils auront pu expliquer cet instinct des pigeons messagers, suivant les lois de la nature ; mais ce qu'on sait d'après l'alcoran et d'après l'ouvrage que j'ai cité plus haut, *la Colombe messagère, etc.*, c'est que Mahomet, le prophète des vrais croyans à l'Islamisme, a prononcé que les pigeons messagers étaient des démons. C'est ainsi qu'il a tranché la difficulté. On devait bien s'attendre à une pareille décision de la part du fanatisme et de la superstition. Quant aux magnétistes de nos jours, il est facile de prévoir quelle est l'opinion à laquelle ils donneront la préférence.

Les animaux semblent donc l'emporter de beaucoup sur l'homme par la finesse de l'organe de l'odorat ; mais il est probable qu'il jouirait des mêmes avantages, s'il était, ainsi que les bêtes sauvages, obligé de vivre dans l'état de pure nature. Cependant on peut donner des exemples qui prouvent que l'homme est également susceptible de recevoir, par le nez, des sensations extraordinaires produites par des émanations animales. Ne pourrait-on pas citer à l'appui de ce que j'avance, certains

nègres des Antilles qui ont l'odorat si fin,
qu'ils suivent à la piste et attrapent les
nègres *marrons* (ou déserteurs), à la pour-
suite desquels on les met ? Le *Journal des
Savans*, du mois d'avril 1667, confirme
ce fait et nous apprend que les nègres ont
l'organe du nez si délicat, qu'ils distinguent la trace d'un nègre de celle d'un
blanc, en flairant seulement l'endroit sur
lequel l'un ou l'autre a passé.

Un auteur qui a fait de bons ouvrages
sur la pratique du Magnétisme animal, et
qui, à part ses opinions systématiques, sou-
tenues avec plus d'adresse que de solidité,
a produit d'excellens écrits dignes d'un
rang distingué lorsqu'ils seront modifiés et
corrigés, a dit avec beaucoup de justesse (1), « qu'un certain état nerveux, et
» même une disposition particulière de
» l'âme, peuvent nous rendre sensibles à
» des émanations dont nous ne nous dou-
» terions pas dans l'état ordinaire. » Et il

____

(1) Voyez les *Annales du Magnétisme animal*, 3e Trimestre 1815, N° 16, pag. 169.

12*

ajoute : « La *comtesse de Bossu* éprou-
» vait une émotion très-vive lorsque le
» *duc de Guise*, *son amant* (1) *et son*
» *époux*, entrait dans un lieu où elle
» se trouvait, et elle était assurée de sa
» présence, quoiqu'elle ne l'eût pas aperçu
» et qu'elle le crût même absent. » *Voyez*
les détails curieux à ce sujet dans le *Dic-*
tionnaire de Bayle, tom. II, pag. 354,
355 et 358, de l'édition en 3 vol. in-fol.
Rotterdam, 1715.

On formerait aisément un volume considérable, si on voulait y recueillir des phénomènes extraordinaires produits par les émanations animales ; elles prouveraient toutes
que les sensations qui en dérivent éveillent

____

(1) Henri DE LORRAINE, duc de Guise. prince de Joinville,
né le 4 avril 1614, mort à Paris le 2 juin 1664. Il fut marié
deux fois. D'abord en premières noces, l'an 1639, avec Anne
DE GONZAGUES ; et en secondes noces. le 11 novembre 1641,
à Bruxelles, avec Honorine DE GLIMES, fille de Godefroy de
Glimes, comte de Grimberghes, de Berg-op-Zoom, etc.,
de l'une des plus anciennes et illustres maisons du Brabant.
Elle était veuve d'Albert-Maximilien D'HÉNIN, comte de
Bossu, qu'elle avait épousé en premières noces, et qui fut
tué au siége de la ville d'Arras, prise par Louis XIII en 1640.

les sens, et ceux-ci avertissent l'imagination dans le domaine duquel ces mêmes
phénomènes rentrent inévitablement.

Les réflexions que font naître les faits
que je viens de présenter m'engagent à déclarer qu'il est évident pour moi que la
science des procédés du Magnétisme animal est beaucoup plus importante qu'on
ne l'avait pensé jusqu'à présent. Cette
science fera faire un pas de plus aux connaissances humaines en physique et en
métaphysique ; mais il faut auparavant la
dégager des préjugés, des erreurs, et même
des opinions superstitieuses qui en ont
toujours retardé les progrès. Alors elle ne
méritera plus d'être vouée au ridicule, qui
s'attaque avec tant d'avantage à toutes les
choses sérieuses, et qui est si puissant sur
les esprits légers et frivoles. La science du
Magnétisme animal n'est pas encore fixée,
parce que les savans l'ont toujours dédai-
gnée. Malheureusement c'est à leur refus
que des ignorans et des personnes crédules
s'en sont emparées. Ceux qui ont voulu développer cette science ne l'ont considérée

que sous un faux point de vue et dans un cercle trop rétréci. Nous avons prouvé qu'ils
ont adopté des doctrines absurdes, tendan-
tes à nous ramener à la croyance aux revenans et aux sorciers. Cependant on doit aux
Magnétistes quelques témoignages de reconnaissance, car pour les procédés magnétiques leurs efforts n'ont pas été inu-
tiles. En s'occupant constamment de cette
science toujours rebutée et méconnue, ils
ont conservé le feu sacré, et, s'ils ne l'ont
pas fait briller, ils ont empêché du moins
qu'il ne s'éteignît. Je me tromperais fort,
si nous étions éloignés des temps où la
science du Magnétisme animal deviendra
en quelque sorte positive, et se reposera
sur les lois de la nature; mais il est auparavant nécessaire que quelques hommes
d'élite, instruits par la nature, et qui tiendront leur mission de leur génie et d'un
ardent amour de la vérité, se déterminent
enfin à méditer et à étudier tout ce qui a
rapport à la science du Magnétisme animal, qu'ils devront aussi pratiquer. Ce
sont eux qui, le flambeau de la Raison à la

main, doivent nous initier aux mystères de la physiologie et de la psycologie. Ce sont eux qui dirigeront les sociétés destinées à favoriser les progrès de cette nouvelle science. Tel, du moins, devra être le but des nouvelles Sociétés académiques du Magnétisme animal, dont je désire le prompt établissement.

La Société du Magnétisme animal à Paris s'était proposée de rechercher la nature du Magnétisme et d'en constater les effets ; mais elle a dégénéré de son institution ; elle a adopté trop légèrement un système, tandis qu'elle devait se borner à vérifier les phénomènes qui devaient le prouver. Jusques à présent elle n'a pu non-seulement étayer ce système d'une seule expérience rigoureuse, ni d'un seul fait positif ; mais encore elle a prononcé qu'on ne devait pas se permettre des expériences contradictoires. Elle a mis ses soins à éviter toute méthode expérimentale, et elle a pour ainsi dire trouvé moyen de s'y soustraire, ou au moins de l'éluder. Elle a admis, sans jugement et

sans critique, tous les faits qu'on lui a
adressés ; et si elle a semblé les vérifier,
ce n'a été que pour en consacrer l'invrai-
semblance et l'absurdité. Elle a repoussé
toutes les observations qu'on lui a faites à
cet égard ; et au lieu de rentrer dans la
route de la vérité, elle s'est enfoncée de
plus en plus dans l'abîme de l'erreur. Les
magiciens du Magnétisme animal n'ont jamais voulu subir l'épreuve d'une discussion publique ; mais ils se contentaient,
dans leurs conversations, de se raconter,
sans y souffrir de contradictions, les merveilles, les prodiges et les miracles auxquels ils accordaient leur admiration. Si
leurs exclamations étaient accompagnées
de réflexions, il n'était permis à personne
d'y porter la lumière, mais, au contraire,
d'y entasser erreurs sur erreurs, ténèbres
sur ténèbres, lesquelles se propageaient en
suite jusque dans leurs écrits. La Société,
enfin, a adopté pour principe qu'elle ne
devait se consolider et conserver son harmonie que par l'unité de tous ses membres dans
la croyance, ou dans la foi la plus vive, au

fluide magnétique facultatif de l'homme. C'est ce qu'elle a proclamé et fait imprimer ; et c'est par égard si je me dispense d'appuyer ce que je viens de dire , par des citations précises. Une détermination aussi extraordinaire tend à repousser la vérité et à envelopper de ténèbres les plus épaisses la science encore trop nouvelle du Magnétisme animal. Le plus grand nombre des membres de cette Société aurait désiré qu'on y eût toléré un parti d'opposition, et permis des discussions , au milieu desquelles la lumière aurait pu jaillir; mais l'intolérance s'y est toujours opposée, et il en est résulté que cette Société a toujours été en déclinant , et qu'aujourd'hui elle est presque anéantie , ainsi que je l'ai déjà dit. Si elle tente de se relever par une épuration rigoureuse, alors elle ne formera plus qu'une Secte , et non une association d'hommes instruits qui chercheraient à s'éclairer.

Jusqu'à présent quelques-uns des membres de cette Société se sont flattés que tous leurs collègues étaient également con-

vaincus de l'existence du fluide magnétique animal : en cela ils se sont encore fait illusion, parce qu'ils ont toujours confondu la croyance aux effets avec la croyance au système. C'est bien légèrement, à mon avis, que l'auteur de *la Défense du Magnétisme animal* avance, à la page 176, qu'il connaît au moins vingt jeunes médecins de la Faculté de Paris qu'il dit être *aussi convaincus que lui* de la réalité du fluide électro-magnétique animal, de ce fluide de volonté, matériel ou spirituel, qui sortirait du bout de leurs doigts, et dont l'action n'aurait lieu qu'autant qu'ils l'auraient accompagné d'un acte mental de volonté. Le même auteur cite encore dans ce passage, ainsi que dans ses autres écrits, un certain nombre de médecins de réputation, tant en France qu'en pays étranger, qui auraient la même croyance, et il ajoute :
« Quelques-uns m'ont fait l'honneur de me
» demander des conseils, leur modestie
» leur ayant persuadé que je devais en savoir plus qu'eux sur une chose dont je
» m'étais occupé pendant trente-cinq ans. »

En effet, cette longue série de trente-cinq années d'études, d'expériences et de méditations, dont le résultat est la découverte importante de cette grande loi de la nature, de
cette loi du fluide de la volonté, matériel ou
spirituel, qui s'échappe *ad libitum* du bout
des doigts, doit bien certainement commander une confiance sans réserve. Cependant j'observerai qu'en fait d'aveux favorables au Magnétisme animal, il n'est que
trop facile, je le répète, de s'y méprendre.
Il ne faut pas toujours prendre à la lettre le
style épistolaire ordinairement flatteur,
sur-tout quand on écrit à un homme de
mérite. Il est possible que les médecins
qui sont en correspondance avec l'auteur
de *la Défense du Magnétisme animal* lui
aient fait par écrit l'aveu de leur croyance
à la réalité des phénomènes magnétiques
dont ils auraient été témoins. Sans taxer
de prosélytisme (1) les motifs qui ont

----

(1) *Prosélytisme* et *Prosélyte*, s. m., mots tirés du grec
προσήλυτος (prosélitos), *étranger;* dérivé de προς (pros),
auprès; et de ελευθα (eleuto), ηλυθα (êlyta), prétérit

activé cette correspondance, on peut dire qu'il y a encore bien loin de là, à un aveu qui constituerait de *vrais croyans* au système du fluide magnétique, tel que les magnétistes l'entendent. Je connais aussi une vingtaine de jeunes médecins à Paris, et je suis en correspondance avec des médecins en pays étrangers, qui croyent aux effets du Magnétisme. Ce que j'ai aperçu dans leurs relations et dans leurs observations ne m'autoriserait nullement à leur attribuer la même croyance dont les autres médecins, mentionnés plus haut, semblent être accusés. Quoi qu'il en soit de ces complimens dont tous les hommes sont si friands, ainsi que de ces aveux équivoques favorables au système du Magnétisme animal, attribués à quelques médecins et à des personnes recommandables, parmi lesquels on ne peut citer un seul Académicien, peuvent-ils balancer l'opinion générale d'une majorité imposante de Philo-

---

moyen des verbes ἐλεύσομαι et προσέρχομαι, qui signifient *venir*, *approcher*, et se dit de ceux qu'on détache d'une opinion ou d'un parti pour les attirer dans un autre.

sophes, de Savans et de Physiologistes, les plus habiles et les plus renommés, qui tous, depuis la découverte de Mesmer, se sont accordés à nier constamment la réalité de ce fluide magnétique animal, ou fluide de la volonté, qui sortirait du bout des doigts des magnétiseurs ? Cependant cette opposition soutenue semble n'être d'aucun poids pour les Magnétistes, qui se plaignent avec aigreur contre des Savans qui ont acquis une haute réputation obtenue au prix de leurs veilles et de leurs méditations, et dont la gloire littéraire se confond avec la gloire nationale de la littérature française si universellement estimée dans les pays étrangers. Voilà cependant les hommes que nos magnétistes accusent de partialité, d'injustice, et même d'ignorance, parce qu'à leur avis ces hommes savans n'auraient pas assez étudié la théorie et la pratique du Magnétisme animal. Souvent, enfin, ils se permettent des sorties amères, violentes, mais risibles, et contre la science, et contre les savans. Je pourrais citer quelques-unes de ces diatribes qui feraient hausser les épaules. Il y a lieu sans doute d'être étonné de voir le plus petit nombre opposer une résistance si forte et si persévérante, pour soutenir un système et des opinions aussi absurdes; mais n'est-il pas de l'essence des minorités ignorantes d'être criardes et entêtées ?

Parmi les hommes célèbres dans les sciences, et antagonistes déclarés du prétendu fluide magnétique animal, je dois en citer un, qui bien certainement était en état d'apprécier et de juger le système, la théorie et la pratique du Magnétisme animal. Cet illustre savant, aujourd'hui Pair de France (1), est le premier théoricien chimiste de nos jours; il s'est distingué par ses profondes connaissances dans toutes les sciences physiologiques, et les Académies nationales et étrangères s'honorent de le

____

(1) BERTHOLLET (M. *le comte* Claude-Louis), né à Talloire en Savoie ; Pair de France, Chevalier de l'Ordre de Saint-Michel, Grand'Croix de l'Ordre royal de la Légion-d'Honneur, Membre de l'Institut, de l'Académie royale des Sciences de Paris, de la Société royale de Londres, de celles de Turin, de Harlem, etc., etc.

compter au nombre de leurs membres. Ce savant, guidé par la bonne foi et inspiré par l'amour de la vérité, a eu le courage et la patience de voir pratiquer et de pratiquer lui-même le Magnétisme animal pour mieux le juger. Il a assisté aux Cours de théories et aux Traitemens de Mesmer ; mais enfin, rebuté par la charlatanerie d'une doctrine posée sur de faux principes, qui toujours s'est étayée d'illusions, de chimères et de prestiges tendant à renouveler des idées superstitieuses, il a cru devoir cesser d'assister aux cours de Mesmer, en laissant sur le bureau la déclaration qui suit :

Déclaration sur le Magnétisme animal.

« Après avoir fait plus de la moitié du cours de M. Mes-
» mer, du mois d'avril 1784 ; après avoir été admis dans les
» salles des traitemens et des crises, où je me suis occupé à
» faire des observations et des expériences, je déclare
» n'avoir pas reconnu l'existence de l'agent nommé par
» M. Mesmer *Magnétisme animal*; avoir jugé la doctrine
» qui nous a été enseignée dans le *Cours*, démentie par les
» vérités les mieux établies sur le système du monde et sur
» l'économie animale, et n'avoir rien aperçu, dans les con-
» vulsions, les spasmes, les crises enfin qu'on prétend être
» produites par les procédés magnétiques (lorsque les acci-

» dens avaient de la réalité), qui ne dût être attribué *entière-*
» *ment à l'Imagination*, à l'effet mécanique des frictions
» sur des parties très-nerveuses, et à cette loi reconnue
» depuis long-temps, qui fait qu'un animal tend à imiter
» et à se mettre même involontairement dans la même
» position dans laquelle se trouve un autre animal qu'il
» voit, loi de laquelle les maladies convulsives dépendent
» si souvent. Je déclare enfin que je regarde la doctrine
» du Magnétisme animal, et la pratique à laquelle elle sert
» de fondement, comme *parfaitement chimérique*, et je
» consens qu'on fasse, dès ce moment, de ma déclaration,
» tel usage qu'on voudra.

» Paris, ce 2 mai 1784.　　　　　» *Signé* BERTHOLLET. »

On pourrait citer un grand nombre de
Savans qui ont également condamné le système du Magnétisme animal, ou plutôt
on pourrait citer tous les vrais savans qui
se sont prononcés, ou qui se prononce-
raient, s'ils étaient requis de juger de l'existence d'un fluide auquel on attribue des
qualités si extraordinaires, si invraisemblables, et qui depuis plus de 40 ans n'a
pu présenter un seul fait admissible en sa
faveur.

A des décisions aussi respectables, contre lesquelles il semble qu'il n'y ait rien à
alléguer, ne pourrait-on pas encore ajouter

les doutes, les indécisions, et, plus encore, les regrets d'une infinité de magnétiseurs ? Ceux-ci et ceux-là ne sont pas tous
persuadés de la réalité de leur fluide animal,
de leur fluide de volonté, qui ne peut, dit-
on, s'échapper de la main ou de telle autre
partie du corps que ce soit, qu'en vertu
d'un acte mental. La plupart ne sont pas
éloignés de reconnaître dans la pratique
du Magnétisme animal le pouvoir immense
de l'Imagination : mais malheureusement
quelques-uns d'entre eux se sont compro-
mis en publiant leur adhésion à la doctrine
extraordinaire du Magnétisme animal. Il
leur faudrait faire un courageux effort bien
digne de louange, pour sacrifier leur amour-
propre en avouant que des illusions ont pu
les tromper. Pourquoi ne pas espérer que
les magnétiseurs de bonne foi, qui ont
l'esprit juste, et qui aiment la vérité,
ne soient capables de cet effort sublime ?
Il n'y a plus maintenant aucune gloire
à espérer en s'égarant sur les traces de
Mesmer, ainsi que je l'ai dit plus haut,
page 109. Si on lui a décerné trop légère-

ment le titre de grand homme, on ne pourrait du moins lui refuser, sans injustice, le titre d'homme de génie, non pour la découverte du système, mais pour la découverte des procédés du Magnétisme animal. Il est vrai que l'invention pourrait encore lui en être contestée ; cependant la manière nouvelle et plus précise dont il a présenté ces procédés lui appartient, et à cet égard il mérite de la reconnaissance. Je le répète, ceux qui ont eu le droit d'admirer les erreurs de Mesmer à une époque à laquelle tous les savans ne s'étaient pas encore assez prononcés, peuvent bien aujourd'hui, sans déshonneur, rejeter ces mêmes erreurs, puisque le temps les a démasquées.

Les trois fluides, *Magnétique Minéral*, *Électrique* et *Galvanique*, ont obtenu, il est vrai, de tous les savans physiologistes, des certificats incontestables qui en constatent l'existence légitime et réelle : mais ces fluides avaient été prouvés par des expériences et des faits qui, par leur évidence, ont produit la conviction. Il

(195)

n'en est pas de même du *fluide magnétique animal*, qui n'a jamais pu se faire
reconnaître, par la seule raison qu'il n'existait pas ; et l'opiniâtreté des magnétistes
est telle à cet égard, que, ne pouvant
prouver ce fluide par des faits, ils ont été
jusqu'à établir en principe qu'on ne devait
pas se permettre des expériences pour le
démontrer. Pourquoi donc, afin de soutenir
ce fluide idéal, fabriquer de faux titres, in-
venter de faux miracles constamment rejetés
avec mépris par les savans, par la raison et
par le bon sens ? Que tous les magnétiseurs,
que tous les amateurs du Magnétisme animal y fassent attention, ils ne perdent rien
à abandonner ce faux système ; les procédés du Magnétisme leur resteront toujours ; toujours ils pourront continuer de
les exercer avec succès, en raison de leur
habileté et de leur expérience ; toujours ils
auront le pouvoir de faire le bien et de
soulager l'humanité souffrante au moral
comme au physique. Si les magnétiseurs
craignent avec raison qu'on ne leur fasse
perdre une partie de leur influence morale

si nécessaire pour le succès de leurs procédés, en dévoilant aux yeux du public le véritable but de la pratique dite du *Magnétisme*, qui n'a d'autre objet que de s'emparer de l'imagination de la personne qu'on veut magnétiser, j'en conviendrai bien volontiers; mais n'en seront-ils pas bien dédommagés par l'inappréciable avantage de ne plus être obligés d'adopter un système et des opinions absurdes, ni de contracter en quelque sorte l'obligation de les soutenir par des raisonnemens plus absurdes encore? Eh! ne comptez-vous pour rien, dirai-je aux magnétiseurs, de cesser d'être la risée de tous ceux qui composent la bonne société, et même des gens du peuple, pourvu toutefois que vous cessiez aussi de votre côté d'arborer des prétentions aussi ridicules? Il ne vous convient plus d'être la fable de tout le monde. L'expression, *se mettre en rapport*, dont vous faites vous-mêmes une condition préalable et absolument nécessaire pour bien magnétiser, n'est-elle pas en contradiction palpable avec votre doctrine? Cette con-

tradiction est sentie de tous ceux qui y
réfléchissent ; elle n'échappe à personne,
hormis aux Magnétistes entêtés. Qui ose-
rait, en effet, soutenir que de *se mettre
en rapport intime* avec quelqu'un, n'est
pas se mettre en rapport avec l'imagination de cette personne, ni agir sur son
imagination ? En considérant le Magnétisme sous un point de vue plus raisonnable, les magnétiseurs sentiront la nécessité d'être en garde contre leur propre imagination, lorsqu'ils observeront les faits et
les phénomènes dont ils seront témoins, ou
lorsqu'ils les produiront. Nous y gagnerons
aussi d'obtenir dorénavant des relations
d'autant plus croyables, qu'elles seront
moins exagérées.

Après avoir trop long-temps erré dans
les routes incertaines des hypothèses et
des théories, en abandonnant un système
qu'il n'est plus désormais possible de soutenir, il est temps que les magnétiseurs
retournent à la nature et soumettent leurs
procédés à des méthodes expérimentales,
sans lesquelles il est impossible de faire

avancer la science du Magnétisme animal. Il faut en séparer entièrement la pratique d'avec le système. Déjà plusieurs magnétiseurs éclairés considèrent la croyance à ce système comme n'étant point nécessaire pour produire les effets du Magnétisme animal.

Le plus habile de tous les magnétiseurs, sans contredit, a déjà jeté une défaveur sur *les fluides imaginaires*, au moyen desquels on a prétendu expliquer les phénomènes du Magnétisme animal. Je veux parler de l'illustre disciple de Mesmer, déjà mentionné plus haut à la page 107 de cette Introduction. C'est lui qui le premier, en consultant la nature, a su interroger et faire parler les somnambules, que dorénavant je nommerai Hypnologues (1), toutes les fois que je voudrai désigner ceux

____

(1) Hypnologue, s. m., celui qui parle pendant le sommeil ; dérivé du grec ὕπνος (hypnos), *sommeil ;* et λόγος (logos), *discours, parole.* Les mots ci-joints ayant la même étymologie, doivent être employés ainsi qu'il suit, savoir : Hypnologie , science qui a pour objet l'art de faire parler les hypnologues. Hypnologien , celui qui sait l'hyp-

(199)

qui parlent pendant le sommeil. C'est lui
auquel la nature a confié son secret sur
l'Hypnologie ; c'est lui qui véritablement
nous a enseigné à mettre en action le système nerveux intérieur qui nous a été si
bien démontré par un savant physiologiste (1) ; c'est lui qui nous a appris que ce
système nerveux était le siége exclusif de
l'instinct, que de ce système émanent les
impulsions spontanées, et qu'il veille sans
cesse à la conservation de l'individu, même
dans le sommeil, dans le délire, dans les
maladies. C'est lui encore qui a su le
mieux mettre la nature en jeu, en lui
faisant déployer, par le ministère des
hypnologues, ces actes étonnans de di-
rections salutaires pour la guérison des
maladies. Voici, enfin, l'opinion de ce célèbre hypnologiste, que je vais citer au

-----

nologie. HYPNOLOGIQUE, adj. des deux genres, qui concerne l'hypnologie. HYPNOLOGIQUEMENT, adv., selon les
principes de l'hypnologie. HYPNOLOGISTE, celui qui est amateur d'hypnologie, ou qui prend plaisir à magnétiser et à
faire parler des hypnologues.

(1) Par *M. le docteur Virey*, dans le *Dictionnaire des
Sciences médicales*, tom. XXV, pag. 385 et 389.

sujet du fluide dit *Électro - magnétique animal*. « Que l'électricité, *dit-il*, ait ou
» n'ait pas de rapport avec le Magnétisme
» animal, ce n'est pas ce qu'il s'agit d'exa-
» miner ; la science n'a encore rien décidé
» sur ce sujet, chacun est libre d'en pen-
» ser ce qu'il lui plaît..... Croyons ferme-
» ment au Magnétisme (*à ses effets*); ne
» cherchons point à nous en expliquer les
» phénomènes inconcevables par des FLUI-
» DES IMAGINAIRES, ni par la logique si
» souvent fallacieuse de notre humaine
» raison » (1).

C'est ainsi que ce savant magnétiseur s'exprimait dès l'année 1817, et bien certainement ce n'était pas des fluides Magnétique Minéral, Électrique ni Galvanique, dont il voulait parler, puisque de tels fluides ne sont point imaginaires, et que leur réalité est universellement reconnue. Une autorité aussi imposante pour les magnétiseurs, il n'en faut pas douter, les rame-

(1) Voyez la *Bibliothèque du Magnétisme animal*, T. II, N° 5, Novembre 1817, pag. 166 et 168, article de M. le marquis *de Chastenet de Puységur*.

nera tous à une opinion plus saine et plus raisonnable, sur le système non démontré du prétendu fluide magnétique animal.

J'ai annoncé plus haut, pag. 144, que l'auteur de la *Défense du Magnétisme animal, etc.*, avait essayé de mettre en contradiction avec lui-même l'auteur de l'*Examen, etc.*, et de prouver, ainsi qu'il le dit formellement, pag. 183, « que ce dernier » n'est pas aussi éloigné qu'il le pense de » se ranger du parti des magnétiseurs. »

L'impartialité et l'amour du vrai, qui chez moi l'emportent sur toute autre considération, m'empêchent d'un côté d'affaiblir les objections, telles fortes qu'elles puissent être, et de l'autre m'obligent à un aveu qui est toujours pénible, celui de mon insuffisance pour m'établir arbitre entre deux personnes qu'il ne m'appartient pas de juger. Je vais donc me borner à indiquer les objections dans toute leur force. Si j'y ajoute quelques réflexions, ce sera moins pour en porter un jugement que pour user du droit dont chacun est le maître de jouir, le savant comme l'ignorant, d'émettre une opinion suivant la manière dont il est affecté. Pour l'examen de ces objections, je me renfermerai dans les bornes les plus étroites, car depuis trop long-temps je m'aperçois de l'excès de longueur de mon Introduction, dont la prolixité paraîtra sans doute bien ridicule à la plupart de mes lecteurs. L'auteur de la *Défense du Magnétisme animal, etc.*, s'est retranché dans le chap. III de son ouvrage, pag. 183, comme dans un fort qu'il croit inexpugnable. Il s'y est formé un rempart de vingt à vingt-cinq pages de citations tirées des ouvrages de son adversaire. L'ensemble de ces différentes citations forme un chef-d'œuvre scientifique de philosophie, de physiologie et de métaphysique. Les bornes de mon écrit m'empêchent de transcrire d'aussi beaux morceaux, et j'y renvoie le lecteur. Il jugera, en les lisant, que l'auteur de la *Défense du Magnétisme animal, etc.*, sort perpétuellement de la question pour faire subir la torture à ces différens passages, et y rechercher péniblement des preuves de la

réalité du prétendu fluide magnétique animal qui sortirait à volonté du bout des
doigts des magnétiseurs.

L'auteur de la *Défense du Magnétisme animal* prétend que son adversaire
a souvent avancé des propositions dont la
réalité de ce fluide magnétique serait une
conséquence nécessaire. Du nombre de ces
propositions est, à son avis, l'influence
sympathique qui s'établit entre deux êtres
ayant entre eux des rapports intimes, lorsque leur constitution physique et morale
est dans une parfaite harmonie, comme
cela arrive entre deux frères jumeaux qui ont
vécu ensemble, qui sont unis par la plus
tendre affection et par les mêmes habitudes, de manière que leurs âmes se cor-
respondront, se confondront même jusqu'à
un certain point, et ne feront pour ainsi
dire qu'un *moi* entre ces deux êtres. En
méditant sur les conséquences de cette proposition, je demande si on doit en conclure la réalité du fluide magnétique animal, tel que les magnétistes le supposent?
Cette influence sympathique chez les ju-

meaux n'est autre chose que ce *rapport intime* poussé au plus haut degré, dont les magnétiseurs font une des principales conditions, et la plus nécessaire, pour bien magnétiser la personne sur laquelle ils veulent exercer une influence. Ce rapport intime, ainsi que nous l'avons démontré plus haut, n'est que l'action de la volonté ou de l'imagination d'un être vivant, sur l'imagination d'un autre être vivant avec lequel il se met en rapport. Qu'en résulte-t-il? C'est que deux êtres vivans étant en parfaite harmonie morale, et, plus encore, en parfaite harmonie morale et physique, comme chez les jumeaux, à cause de la conformité de caractère et de tempérament : ces êtres, l'un pour l'autre, prévoient, pressentent, prédisent, jusqu'à un certain point, ce qui leur arrive et même ce qui doit leur arriver, fussent-ils éloignés l'un de l'autre à des distances plus ou moins grandes, même au - delà des mers. Un jumeau qui, étant en France, dirait : Mon frère qui est en Amérique est tombé malade par l'ennui qu'il éprouve d'être éloigné de moi, il se meurt, il n'y a plus de ressource. Celui qui fait cette prédiction est au même moment affecté des mêmes sensations, des mêmes affections ; son âme éprouve les mêmes mouvemens : en conséquence il tombe en même temps malade, il meurt à la même époque et par les mêmes causes qui ont fait périr son frère. On doit remarquer ici que de pareils pressentimens, qui se vérifient quelquefois, ne sortent pas du cercle des rapports intimes ou de l'harmonie parfaite, morale et physique, qui peuvent exister entre deux êtres vivans. On me citera sans doute des traits de prévision qui semblent sortir du cercle que je viens d'établir. J'en ai entendu raconter un grand nombre qui offraient des circonstances invraisemblables. Je puis attester que quelques-uns de ces faits, que j'ai été à portée d'approfondir, m'ont prouvé de plus en plus combien les hommes en général aiment le merveilleux ; et avec quelle facilité ils exagèrent les faits qu'ils racontent. Pour rendre sensible, par un exemple, les raisonnemens que je viens de faire,

je suppose qu'un jumeau ait annoncé que
son frère absent, voyageur ou militaire, a
éprouvé tel ou tel accident ; ses pressentimens, me dira-t-on, se sont vérifiés. Je
répondrai qu'avant d'y ajouter foi il faudrait en constater toutes les circonstances, et que pour un fait de cette nature
qui est dû au hasard, il y en a mille qui
sont faux. Le seul fait dont je veux parler,
fût-il vrai, rentre dans le cercle des rapports
intimes entre deux êtres, *au moral seulement*, parce que la personne qui s'intéresse
vivement à une autre, et dont l'imagination
en est fortement occupée, suppose très-sou-
vent un événement fâcheux et probable, par
la crainte seule qu'il n'arrive. Si on admet
une fois que l'âme de celui qui a eu un
pressentiment qui s'est vérifié, a pu se transporter sur le lieu même où l'événement
s'est passé, ou bien en avoir eu la conscience précise par un moyen surnaturel, il faudrait donc admettre la doctrine des magnétistes qui croyent à la
possibilité de faire voyager hors du corps
l'âme de leurs somnambules qu'ils en-

voient tous les jours visiter des malades
absens dont ils décrivent les maladies ; il
faudrait enfin admettre la doctrine de ceux
qui croyent aux esprits et aux sorciers.
Telle est la source de tous les faux miracles, de tous les prestiges et de toutes les
illusions dont les magnétistes sont continuellement la dupe avec la meilleure foi du
monde, et d'après lesquels ils soutiennent
avec tant d'opiniâtreté un système, des théories et des opinions aussi absurdes qu'er-
ronnés. Le savant auteur de l'*Examen, etc.*,
ne veut pas être soupçonné d'adhérer à
une pareille doctrine, et voici ce qu'il dit,
pag. 190 de la *Défense, etc.* : « On ne
» nous accusera point d'ajouter foi aux
» prestiges du prétendu Magnétisme ani-
» mal ; mais ses sectateurs s'autorisent de
» faits bien connus, dans lesquels l'instinct
» entre en action par l'assoupissement des
» sens extérieurs....... » A la page 195 :
« Notre esprit a besoin du corps pour
» agir, de même que la lumière nous serait
» inutile sans les yeux..... » Même page :
« Il y a en nous l'homme intérieur ou spi-

» rituel, et l'homme extérieur ou ani-
» mal..... » A la page 198 : « L'élément
» sensitif n'est point de même nature que
» la pensée.... » A la page 199 : « Aimer,
» c'est exhaler sa vie ; elle jaillit dans les
» regards..... » A la page 200 : « Nous ne
» connaissons le fluide magnétique *minéral*
» que par ses effets sur le fer et sa direc-
» tion polaire. L'électricité a été long-
» temps ignorée. On peut soupçonner dans
» le monde plusieurs fluides subtils et des
» propriétés cachées dont nous n'avons
» encore aucune notion ; c'est pourquoi
» bien des phénomènes sont inexplicables
» pour nous.... » Ces diverses propositions,
on le demande, peuvent-elles être la preuve
de la réalité du prétendu fluide magnétique
animal rejeté de tous les savans, et qui
n'existe que dans l'imagination des magnétistes ?..... A la page 201 : « La pré-
» sence, l'attouchement ou les paroles
» d'un homme très-éminent influent sin-
» gulièrement sur les âmes inférieures, et
» sont capables de guérir les corps. De là
» viennent les fascinations, les enchante-

» mens et toute cette supposition d'es-
» prits, d'influences, dont il est plus facile
» d'abuser que de bien user. » Peut-on méconnaître ici l'action d'une forte volonté sur
l'imagination d'un être dont l'âme est infé-
rieure ? Je regrette de ne pouvoir citer
tous les passages du même auteur, concernant les pressensations, les prévisions, les
prédictions ; ils indiquent que cet auteur est
un des savans physiologistes les plus profonds, et qu'il est éclairé par la philosophie la plus élevée.

Si je ne craignais de donner trop d'étendue à mon interminable Introduction, je
citerais en outre un grand nombre de physiologistes allemands qui sont bien éloignés
d'admettre la réalité d'un fluide magnétique
animal qui sortirait à volonté du bout des
doigts des magnétiseurs, ainsi que l'auteur de *la Défense du Magnétisme animal*
le soutient avec tant de chaleur et avec des
preuves aussi inadmissibles. Il paraît qu'en
Allemagne, en Russie et en d'autres pays,
on n'a pas obtenu, plus qu'en France, un
seul fait positif qui puisse servir à prouver

l'existence de ce fluide imaginaire. Si j'ai cru suffisant de ne citer qu'un petit nombre de nos plus célèbres physiologistes français, qui tous ont déclaré que ce prétendu fluide n'était qu'une chimère, je dois au moins nommer un des physiologistes étrangers, qui, sur cet objet, est de la même opinion. Je citerai donc M. le docteur *de Lichtenstaedt*, savant médecin à Saint-Pétersbourg, auteur d'un ouvrage en allemand, intitulé : *Commentaire et Réflexions sur le Magnétisme animal*, etc. Nous en devons la traduction à l'un de nos collégues, membre de la Société du Magnétisme animal, à Paris, *M. le chevalier Alphonse* Denis, chevalier de l'Ordre royal de la Légion-d'Honneur, officier français, très-instruit dans son métier, et qui, réunissant des connaissances distinguées en littérature, a de plus observé et étudié le Magnétisme animal avec la plus grande attention, et après l'avoir pratiqué avec succès, est devenu un excellent magnétiseur.

Voici comment M. le docteur de Lich-

TENSTAEDT s'explique sur le fluide du Magnétisme animal :

» .... Quelques personnes profitent de cette transmission
» d'effluves curatives d'un individu à un autre individu,
» pour en tirer une preuve de l'existence d'un fluide ma-
» gnétique. L'admission d'un tel fluide, loin de jeter de
» la clarté sur la science, la plonge, au contraire, dans
» une plus grande obscurité ; car un principe tel que celui-
» là ne peut avoir d'effet qu'autant qu'il possède en lui-
» même une certaine vertu. Pourquoi, dans ce cas, adop-
» ter l'existence d'un principe dont on ne peut se rendre
» compte ? A quoi peut donc conduire l'adoption de ce
» principe ? A peine le Magnétisme a-t-il été connu, qu'on
» l'a aussitôt rangé dans la classe des fluides, ce qui n'a
» servi qu'à jeter plus de confusion dans nos idées ; car,
» rigoureusement parlant, nous ne devons reconnaître
» comme fluide que ce qui possède le caractère de l'impé-
» nétrabilité, c'est-à-dire qu'aucun autre corps ne puisse
» occuper sa place...... On a beaucoup parlé de la nécessité
» de la foi et d'une disposition au bien, pour réussir dans
» la pratique du Magnétisme. Cette opinion offre un côté
» mystique et imaginaire qui n'a pas peu contribué à exci-
» ter contre cette découverte les hommes qui font profes-
» sion de n'écouter et de ne priser que ce qui s'accorde
» avec la raison...... Il est difficile de concevoir la *légèreté*
» et en même temps *l'assurance* avec lesquelles plusieurs
» magnétiseurs (et c'est sur-tout des Français dont j'en-
» tends parler) admettent l'existence d'un fluide magné-
» tique, et, partant de cette hypothèse, établissent l'écha-
» faudage de leurs systèmes. »

Telles sont les opinions de M. le docteur de

Lichstenstaedt sur le fluide du Magnétisme animal, qu'il regarde comme imaginaire. Certainement on ne pourra pas reprocher à cet habile médecin de ne pas connaître la pratique du Magnétisme. Il suffirait, au surplus, de lire en son entier l'article (1) que je viens de citer, pour se convaincre du contraire. D'ailleurs, l'auteur de *la Défense du Magnétisme animal*, qui est attaqué dans cet article, n'a pas encore osé y répondre. On pourrait en conclure que ce reproche d'un savant allemand, fait à la légèreté française, d'admettre avec tant d'assurance un fluide idéal, semble prouver qu'il y a moins de magnétistes en Allemagne qu'en France.

J'en ai trop dit, je pense, pour faire sentir aux magnétistes jusqu'à quel point ils se compromettent envers le bon sens et la raison, en persistant à vouloir soutenir la réalité d'un fluide imaginaire. Ils doivent bien comprendre que, si la pratique du

----

(1) Cet article est inséré au Tom. VII de *la Bibliothèque du Magnétisme animal*, n° XX du mois de mai 1819, pag. 93 à 115.

Magnétisme a jusqu'à présent été souvent couverte de ridicule, ils ne doivent s'en prendre qu'à eux-mêmes. Ce sont eux qui, par des prétentions chimériques, ont retardé et retardent encore le développement et les progrès de la science du Magnétisme. Cette science, qu'on voudrait circonscrire dans un cercle d'idées étroites, jouera cependant tôt ou tard un grand rôle, en dépit de la tendance des magnétistes à admettre des opinions superstitieuses et antiphilosophiques. Ce prétendu fluide ne peut d'ailleurs servir en rien pour expliquer les phénomènes inconcevables qui sont l'objet de nos recherches. Quand nous serons une fois délivrés du système si importun de ce fluide imaginaire, nous pourrons alors nous livrer, avec plus de liberté, à de profondes méditations sur les parties les plus importantes d'une science qu'il est si difficile d'éclairer, tels que les pressentimens, les prévisions, les prédictions, qui font le désespoir de tous ceux qui s'efforcent de les expliquer par les lumières de la raison et d'après les lois connues de la physiologie.

Il faut en convenir enfin, c'est plutôt dans les ouvrages de nos physiologistes les plus célèbres, ou de nos philosophes les plus profonds, qu'on trouve quelques lumières sur cette matière si difficile à traiter, tandis que nos magnétistes les plus en réputation n'offrent à ce sujet, dans leurs écrits, que des raisonnemens dépourvus de force, dans lesquels ils admettent un mélange incohérent d'opinions religieuses et philosophiques, qui, loin de se prêter un secours mutuel pour jeter de la clarté sur la science du Magnétisme animal, la plongent, au contraire, dans une plus grande obscurité.

Après avoir été cruellement abusé par le fluide de l'illusion, au point de croire à un fluide idéal qui sortirait du bout de ses doigts, l'auteur de *la Défense, etc.*, est en proie à un autre fluide plus séduisant pour son amour-propre. Ce fluide n'est peut-être que celui *des illusions*, travesti sous un autre déguisement. Je veux parler du *fluide de la présomption*. Cet auteur, séduit par ce nouveau fluide, se flatte d'avoir battu et convaincu son antagoniste, et il pousse encore la prétention jusqu'à se permettre vis-à-vis de l'auteur de l'*Examen*, *etc.*, un ton de maître, en lui faisant la leçon sur différens objets étrangers à la question qui est en litige. Ne doit-il pas craindre d'être seul de son avis ? D'ailleurs, les efforts qu'il a faits pour ramener péniblemeut les grandes vérités proclamées par son adversaire, à servir de preuves à la réalité d'un prétendu fluide, prouvent que le cercle étroit dans lequel il se trouve circonscrit, ne lui a pas encore permis de comprendre les sublimes idées qui brillent de toutes parts dans les écrits de l'auteur de l'*Examen*, *etc.*

CONCLUSION.

LE *Système* et la *Pratique* du Magnétisme animal offrent deux objets distincts et séparés ; et d'après tout ce que j'en ai dit précédemnent, j'en conclus que l'un est une chimère, et l'autre une réalité.

Ce *Système* est une chimère, parce qu'il suppose un fluide appelé *magnétique animal*, dont l'existence n'a jamais pu être prouvée, et tous les savans jusqu'aujourd'hui l'ont constamment rejeté.

Cette *Pratique*, au contraire, est une réalité, parce qu'elle n'a cessé depuis plus de quarante ans de produire et reproduire jusqu'à ce jour, et en grand nombre, des phénomènes remarquables et des guérisons éclatantes.

Ces phénomènes doivent être considérés sous le double point de vue de la physiologie et de la psycologie, c'est-à-dire de la science de la nature et de la science de l'âme.

Des phénomènes de physiologie et de psycologie ont été produits de tout temps jusqu'à nos jours, soit *spontanément*, soit *artificiellement* : on en trouve la trace jusque dans la plus haute antiquité; mais les récits que nous en font les auteurs anciens et modernes sont presque toujours exagérés, et ne présentent le plus souvent que des faits invraisemblables et surnaturels.

Ces phénomènes sont produits *spontanément* lorsque les individus chez lesquels ils se manifestent éprouvent un certain état nerveux et une certaine disposition de l'âme. Ils sont produits *artificiellement* par divers procédés qui, de tout temps, paraissent avoir été mis en usage. Ceux qui en avaient connaissance en ont toujours fait un mystère jusqu'à l'époque de la dé-

couverte des procédés dits *du Magnétisme ani-*
mal par le docteur *Mesmer*. Ce médecin allemand
est le premier qui donna en quelque sorte les
dehors d'une véritable science à de pareils procédés, que ses disciples ont ensuite simplifiés et
perfectionnés. Mesmer en avait d'abord fait un
secret, auquel il attacha un prix qu'il parvint à
obtenir. Aujourd'hui la pratique du Magnétisme
est à la portée de tous ceux qui veulent s'en instruire, et ils peuvent l'employer avec succès,
s'ils y ont des dispositions convenables. Je par-
lerai ailleurs de ces dispositions, qui dépendent
beaucoup de la susceptibilité du genre nerveux
de ceux qui veulent employer cette pratique.

Les procédés qui de tout temps, ainsi que je
viens de le dire, ont été mis en usage pour produire des phénomènes de physiologie et de psycologie, n'ont été proprement appelés *magné-*
tiques-animal que par des physiologistes modernes, qui, dès les 15e, 16e et 17e siècles, ont publié à ce sujet des opinions systématiques. Cette
dénomination de *Magnétisme animal* n'était que
très-peu connue dans l'antiquité. Ces procédés,
qui ont pris naissance dans les pays chauds, où
l'imagination est plus susceptible d'exaltation,
pourraient être appelés, à plus juste titre, *les*
Procédés du Magnétisme animal de l'imagination,
parce que l'action de ce Magnétisme imaginaire

s'exerce réciproquement par l'intervention des sens entre deux êtres animés. Cependant je conviens que cette dénomination n'est pas encore telle qu'elle devrait être ; il faudrait qu'elle fût plus générale et de manière à pouvoir être adoptée par ceux qui soutiennent différens systèmes. Le mot *fluide* également ne doit être employé dans cette discussion que par métaphore, c'est-à-dire comme renfermant une espèce de comparaison par laquelle on transporte ce mot, de son sens propre et naturel, dans un autre sens. C'est ainsi qu'un célèbre physiologiste (1), en parlant du sentiment de l'amour, a dit très-éloquemment : *Aimer, c'est exhaler sa vie ; elle jaillit dans les regards.* Si ce principe vital qui jaillit dans les regards est appelé *fluide* et pris au pied de la lettre, il n'y aurait plus de raison qui empêcherait d'employer le mot *fluide* pour dénommer toutes les influences morales, et ce serait en quelque sorte *matérialiser* toutes ces influences. Ce ne peut donc être que métaphoriquement parlant, si on se sert du mot *fluide* pour désigner le Magnétisme animal, appelé aussi par quelques magnétistes *fluide de volonté* ; et toujours serait-il vrai que l'action de ce fluide aurait été exercée par l'imagi-

---

(1) Voyez *l'Art de perfectionner l'homme*, par M. le docteur Virey, Tom. Ier, pag. 323. Paris, 1818. Deux vol. in-8°.

nation, et que les effets en seraient toujours du domaine de l'imagination. Les partisans, de la réalité de ce fluide ne peuvent pas apparemment comprendre ce que c'est que le sens métaphorique d'un mot ; et parce qu'en étendant la main ils produisent un effet, les magnétistes ne s'imaginent-ils pas naïvement que cet effet est produit par un fluide agissant, sorti du bout des doigts de leur main. Ils ne vont pas au-delà. Telle est la source de leurs illusions, de leurs erreurs et de leurs dogmes absurdes. Quoi qu'il en soit, on remarque que, de tout temps, les procédés du Magnétisme de l'imagination, et principalement ceux qui, dans l'antiquité, provoquaient l'*Hypnoscopie* (1) et les crises nerveuses de toutes espèces, avaient beaucoup d'analogie avec les moyens que nos magnétiseurs modernes mettent en usage aujourd'hui.

Ceux qui, dans les temps reculés, employèrent des procédés pour produire *artificiellement* des phénomènes de physiologie et de psycologie, furent :

1°. Les Prêtres des faux dieux, qui, avec des procédés cachés sous le voile des mystères sacrés, dirigeaient dans leurs temples des crisiaques, tels que des pythonisses, des sybilles, des ora-

---

(1) *Voy*. l'explication de ce terme scientifique aux pages 132 à 134 qui précèdent.

cles, etc. Les prêtres en Egypte connaissaient
aussi de pareils procédés, et ils les employaient
plus particulièrement à la guérison des maladies.
Tous ces prêtres étaient des espèces de magnétiseurs, et le fond de leurs mystères n'était autre
chose que ces mêmes procédés, qu'ils ne révé-
laient qu'à ceux qu'ils jugeaient dignes d'y être
initiés. Qu'on juge maintenant de l'importance
qu'ils devaient y mettre, puisqu'ils produisaient
véritablement des phénomènes merveilleux et des
guérisons étonnantes, avec lesquels ils en impo-
saient d'une manière si puissante aux peuples
ignorans, au point de faire croire au stupide vulgaire qu'ils étaient en contact immédiat avec la
Divinité.

2°. Les Magiciens, dont il y eut toujours un
assez grand nombre dans tous les temps. Ils obtenaient un grand crédit parmi le peuple, en guérissant toutes sortes de maladies et en fascinant
les yeux des ignorans par des prestiges de physique. La plupart étaient eux-mêmes des crisiaques. On pourrait aussi les considérer comme
les physiciens de ces temps d'ignorance. Ils faisaient également pour leur propre intérêt un
mystère des connaissances plus ou moins éten-
dues qu'ils avaient acquises en physiologie, ou
qui leur avaient été enseignées en se faisant initier dans les temples des faux dieux, dans les-

quels se pratiquaient des mystères. A la différence des prêtres qui avaient une résidence fixe, les Magiciens, non résidens, mais imbus des mêmes dogmes, instruits des mêmes procédés, et doués de la faculté d'opérer des phénomènes merveilleux, et sur-tout des guérisons éclatantes qui ont tant d'empire sur le peuple, parcouraient le monde pour leur compte, cherchant à faire des dupes. Ils remplissaient plutôt le rôle de charlatan que celui de professeur de la science physiologique et thérapeutique (1). Chacun d'eux se réservait la gloire de produire des expériences bien naturelles, mais toujours étonnantes et miraculeuses aux yeux du peuple. Ils rivalisaient entre eux et cherchaient à se surpasser, et quelquefois à se supplanter les uns les autres. Quelques - uns eurent l'audace de vouloir lutter contre des hommes privilégiés ; tels les magiciens des Pharaons d'Egypte, qui osèrent se mesurer avec Moïse ; tel Simon-le-Magicien (2), qui, voulant

---

(1) *Thérapeutique*, s. f., partie de la médecine qui a pour objet le traitement des maladies ; tiré du grec θεραπεύω (thérapeuô), *servir, prendre soin, remédier ;* d'où θεραπευτικός (thérapeuticos), *qui prend soin, qui guérit, etc.*

(2) *Simon-le-Magicien*, né vers l'an 6 de J. C., à Gitron, au pays de Samarie ; mort l'an 66. Il séduisait le peuple par des prestiges et des guérisons sans nombre. Il eut l'audace de vouloir rivaliser avec J. C. et avec ses disciples, en se faisant

étonner et séduire le peuple par des prestiges
et des guérisons, fut déjoué par saint Pierre

---

passer pour le fils de Dieu, et en opérant de prétendus miracles et des guérisons magnétiques qui lui acquirent une grande réputation dans plusieurs villes, et principalement à Rome, où il passait pour un dieu, et où des statues lui furent érigées comme tel. Cependant il fit bien voir qu'il regardait les Apôtres comme au-dessus de lui, puisqu'il leur offrit de l'argent pour obtenir, comme eux, le don de faire descendre le Saint-Esprit sur ceux auxquels il imposerait les mains, ce qui le fit maudire par saint Pierre ; et c'est de là qu'est venu le mot *simoniaque*. (*Voyez* les *Actes des Apôtres*, chap. VIII, versets 9 à 13, et 18 à 24.) Ce magicien étant à Rome, entouré de nombreux partisans dont il avait fasciné les yeux par les prestiges et les guérisons qu'il y opérait, annonça qu'en sa qualité de fils de Dieu il monterait au ciel, et il indiqua le jour auquel il exécuterait son ascension. Plusieurs historiens racontent qu'en effet ce magicien, en présence de l'empereur Néron et d'une foule de peuple accouru à ce spectacle, était parvenu à s'élever dans les airs, jusqu'à une certaine hauteur, dans un charriot de feu mis en mouvement par deux démons ; mais que saint Pierre et saint Paul, qui étaient présens, le firent tomber à terre par la force de leurs prières. (*Voyez* l'histoire et la fin malheureuse de ce magicien, dans plusieurs historiens et Pères de l'Eglise, savoir : Saint-Irénée, liv. I, chap. 20 ; Saint-Epiphane, *de Heres.*, chap. 21 ; Saint-Cyrille de Jérusalem, *Cateches.* 6 ; Tertullien, *de Anima*, chap. 16 ; *Apolog.*, chap. 13 ; Eusèbe, *Hist.*, liv. II, chap. 12 ; Origène, *Contra Celse*, liv. I et V ; Arnobe, *Contra gentiles*, lib. II.) C'est ainsi que, dans ces siècles d'extrême ignorance, des écrivains nous transmirent de pareilles fables : passe encore si on pouvait apercevoir dans ce charriot de feu, élevé dans les airs, une *montgolfière* avec son réchaud rempli de matières combustibles allumées.

et par saint Paul. *Apollonius de Tyanes* (1) et *Apulée* (2) furent aussi des espèces de crisiaques

---

(1) *Apollonius de Tyanes*, né en Cappadoce, peu d'années avant J. C. Il se livra d'abord à l'étude de la philosophie, se fixa ensuite dans le temple d'*Ægæ*, consacré à Esculape, fameux par les miracles que ce dieu de la santé y opérait par des moyens extraordinaires. Les prêtres de ce temple ayant reconnu des dispositions convenables dans Apollonius, l'initièrent à leurs mystères et à leurs procédés. Ce nouvel adepte, doué d'un enthousiasme extrême, et voulant se perfectionner dans la carrière qu'il avait embrassée, parcourut un grand nombre de temples où se pratiquaient des mystères, à Ninive, à Ephèse, à Smyrne, à Athènes, à Corinthe, etc. Il alla jusqu'aux Indes conférer avec les prêtres *brachmanes*, visita les *mages* chez les Perses, et les *gymnosophistes* en Egypte. On voit que la dénomination de *magicien* n'est autre que celle des prêtres persans très-habiles dans l'art de guérir par des procédés qui d'abord furent appelés *magiques*, et que les modernes appellent *magnétiques*. Apollonius, dont la célébrité est établie sur des merveilles étonnantes et des guérisons sans nombre, était philosophe pour les sages, et magicien pour le peuple. De son vivant, il fut appelé *dieu*, et les payens de ces temps comparèrent ses miracles à ceux de J. C., dont il était le contemporain, et, au dire des mécréans, le compétiteur, ou l'appelant *l'homme-dieu* sur terre. Si Apollonius, qui, sans contredit, avait acquis de grandes connaissances en physique, en métaphysique et en psycologie, par sa fréquentation dans les temples avec les prêtres qui l'avaient initié à leurs mystères; s'il eût, dis-je, publié et professé ces différentes sciences sous leur vrai point de vue, il aurait rendu un plus grand service à l'humanité, et diminué sans doute la masse des maux qu'on a depuis reprochés si justement à l'ignorance, à la superstition et au fanatisme.

(2) *Apulée* (Lucius), né à Madaure, ville d'Afrique, vers

qui passèrent pour de fameux magiciens, et qui possédèrent aussi divers secrets de physiologie, au moyen desquels ils étonnaient les peuples ignorans. Tous ces magiciens durent leur réputation, soit à un certain état nerveux qu'ils éprouvaient, soit à quelques secrets en physique, ainsi qu'à leur adresse, au hasard, à la supercherie, etc. La plupart d'entre eux avaient fréquenté les temples des faux Dieux, et en s'y faisant initier aux mystères des prêtres qui y fixaient leur séjour, ils n'en étaient devenus que plus habiles pour mettre en usage de pareils moyens.

En considérant l'origine et l'établissement de toutes les Religions, on reconnaît évidemment que ceux qui les ont fondées et ceux qui les ont prêchées, se sont appliqués à justifier leur mission par des prodiges et des guérisons sans nombre, opérés la plupart avec des moyens que j'ap-

---

l'an 130 de J. C. L'un de ses ouvrages le plus connus est sa métamorphose allégorique de *l'Ane d'or*, imité du grec de Lucius Patras. Le désir de voyager et le besoin d'accroître ses lumières lui firent parcourir un grand nombre de temples des faux dieux, et de s'y faire initier dans les mystères sacrés. Il fut admis à Rome au nombre des prêtres d'Osiris. Ces mystères, en général, consistaient en secrets de physiologie et de psycologie, au moyen desquels, ainsi que ses maîtres en magie, *Apulée* parvint à se faire une grande réputation par des prestiges et par de nombreuses guérisons que les payens étaient assez hardis d'opposer aux miracles de J. C.

pellerai *magnétiques*, faute d'une dénomination plus généralement admise. Qu'on ne m'accuse pas de vouloir comprendre dans ces différentes religions celle du christianisme, qui s'est également établie à la faveur de prodiges, de miracles et de guérisons sans nombre. Cette religion est au-dessus de toute comparaison, et je m'abstiendrai, par respect, de pousser plus loin mes raisonnemens à cet égard. Cependant il est un grand nombre de guérisons opérées par des hommes pieux, professant la religion orthodoxe. Ces hommes n'ayant point été canonisés, et les guérisons opérées par eux ou par leur intercession n'ayant point été déclarées surnaturelles par l'Eglise, il est bien permis, sans encourir de reproches, d'avoir des opinions diverses sur les causes qui ont pu produire ces sortes de guérisons. Je dirai à ce sujet qu'un auteur anonyme du temps de Mesmer a traité cette matière. Il a été plus loin, en établissant que parmi les miracles de guérison, opérés par Jésus – Christ, quelques-uns sont de la nature de ceux qu'on peut produire par les procédés du Magnétisme animal. On m'a assuré que cet ouvrage était resté manuscrit. Lorsque je pourrai me le procurer, je m'empresserai de l'insérer dans nos *Archives*, si la publication n'en présente aucun inconvénient. Un auteur plus moderne, qui, sans doute, aura eu connaissance du premier manuscrit, a écrit dans le même sens et a adopté la même opinion. J'ai entendu la lecture de cet écrit, qu'il paraîtrait utile de publier. Je ferai également mes efforts pour en faire jouir le public. Je me propose, enfin, de faire paraître un Essai biographique sur les Thaumaturges qui se sont rendus plus ou moins célèbres dès la plus haute antiquité jusqu'à nos jours. Les phénomènes de physiologie et de psycologie qu'ils ont produits partent tous du même principe et se lient avec ceux qui s'opèrent par les procédés des magnétiseurs d'aujourd'hui. Le tableau en sera curieux, et sa publication ne pourra qu'en être utile pour le développement da la science du Magnétisme animal. Je consacrerai à la fin de cet essai un article séparé, pour les animaux que je me permettrai d'appeler *thaumaturges*, c'est-à-dire de ceux qui dans l'Histoire ancienne et moderne ont offert des phénomènes bien étonnans d'intelligence, de pressentimens, de prévisions, etc., qu'il est difficile et semblent quelquefois impossible d'expliquer. Pour donner une idée des phénomènes dont je veux parler, je renvoie à ceux déjà rapportés plus haut dans le courant de cet écrit, page 166 et suivantes. Ces phénomènes ont de l'analogie avec ceux que les procédés du Magnétisme animal produisent, soit entre des hommes seulement, soit entre des hommes et des animaux. J'essaierai par la suite de développer cette analogie.

3°. Vers les 15e, 16e et 17e siècles, des physiologistes et d'autres personnages plus ou moins instruits dans les sciences, connurent aussi des moyens naturels différens de ceux qu'emploie la médecine ordinaire, pour opérer des guérisons aussi nombreuses qu'étonnantes. Plusieurs d'entre eux furent en quelque sorte les premiers qui se servirent de la dénomination de *Magnétisme animal* pour désigner ce genre singulier d'exercer la médecine d'imagination. Cependant on ne peut pas dire que leurs opinions concernant le fluide du Magnétisme animal aient jamais été à la hauteur du dogme et de la doctrine des *Magnétistes* de nos jours, sur la réalité et le mode d'action de ce fluide imaginaire. Ces physiologistes et autres personnages acquirent de la réputation, soit par leurs écrits, soit en guérissant un grand nombre de maladies ; mais aucun d'eux ne divulgua le secret de sa pratique, ou du moins ne l'a réduit en préceptes, de manière à en rendre l'usage et l'enseignement faciles pour le commun des hommes. Il n'a donc existé qu'un certain nombre d'individus doués de la faculté de guérir les malades par de tels procédés, lesquels consistaient principalement à imposer les mains ou à faire des frictions et des attouchemens.

15*

Je vais nommer ici un petit nombre de ceux qui annoncèrent dans leurs écrits cette nouvelle méthode d'exercer la médecine magnétique, que la plupart mirent eux-mêmes en usage, tels Pomponace, Paracelse, Van-Helmont père et fils; Goclenius, Valentin-Basile, Greatreks, Gasner, etc., etc. Je renvoie aux notes placées ci-dessous (1) pour offrir quelques notions abrégées,

---

(1) Les différens personnages sur lesquels je vais donner quelques notices abrégées sont :

1°. Pomponace (*Pierre*), né à Mantoue en 1462, mort en 1525. Il fut auteur de plusieurs ouvrages savans, dont l'un, qui traite des enchantemens, fut vivement attaqué dans un siècle d'ignorance et de préjugés. L'auteur voulait prouver que la magie et les sortiléges provenaient de causes naturelles qu'on n'avait pas su découvrir, et ne devaient pas être attribués aux démons. Ce livre fut mis à l'index.

2°. Paracelse, né à Einsidt, canton de Zurich, en 1493, mort en 1541. Il était issu du fils naturel d'un prince. Après avoir fait des progrès dans la médecine ordinaire, il se livra à la médecine occulte et s'acquit une grande réputation en guérissant des maladies réputées incurables. Il était si infatué des procédés qu'il avait appris et de ceux qu'il avait découverts, qu'il se rendit ridicule par ses invectives contre les médecins et la médecine. Ses rodomontades lui attirèrent des ennemis. Il fut auteur de plusieurs livres assez mal rédigés, où il expose sa doctrine dans un style obscur.

3°. Van-Helmont (*Jean-Baptiste*), fameux médecin brabançon, né à Bruxelles en 1577, mort en 1644 : issu d'une famille noble et illustre, il embrassa de préférence la profession de médecin. Il fut opposé aux sentimens de Gallien; et donnant dans ceux de Paracelse, il pratiqua la médecine d'une manière qui

mais intéressantes , sur ces différens personnages.
D'autres individus plus ou moins connus , et

---

lui acquit une grande réputation. Il employa divers secrets que
lui enseigna un empirique avec lequel il s'était lié. Il fit des
cures si surprenantes, qu'il fut soupçonné de magie et dénoncé
au tribunal de l'Inquisition, qui, adoptant cette idée ridicule, le fit arrêter et mettre en prison pour lui faire expier sans
doute le crime d'avoir annoncé des opinions nouvelles et utiles,
et d'avoir essayé d'éclairer l'ignorance qui, dans tous les temps,
s'arma de l'autorité arbitraire pour repousser les lumières par
des moyens tyranniques et inhumains. Après avoir gémi quelque
temps au fond des cachots du *Saint-Office*, dénomination qui
semble dérisoire, mais que ce tribunal de sang se donnait à lui-
même, *Van-Helmont* échappa des mains de ses bourreaux et se
réfugia en Hollande. Il fut auteur de plusieurs ouvrages, et entre
autres de celui intitulé : *De Magnetica vulnerum naturali et
legitima curatione, contra Joh. Roberti.* Soc. Jesu. Paris, 1621.
Un autre médecin, *Goclenius*, dont nous parlerons ci-après,
avait aussi fait un Traité sur les guérisons magnétiques, et ré-
pondit au jésuite Roberti, qui attribuait au démon une partie de
ces sortes de guérisons. Van-Helmont prenant part à la dispute,
reprochait à Goclenius d'avoir confondu la sympathie avec le
Magnétisme. Ce dernier agent n'était, disait-il, qu'une propriété
occulte, appelée ainsi à cause de son analogie avec l'aimant ; ce
qui prouverait que Van-Helmont n'admettait le mot de *Magnétisme* que métaphoriquement parlant. Le fils de Van - Helmont
(*François Mercure*) pratiqua aussi la médecine d'après les principes de son père.

4°. GOCLENIUS (*Rodolphe*), docteur en médecine, né à Wit-
temberg en Saxe, l'an 1572, mort en 1621. Il est traité par ses
critiques, d'écrivain crédule et enthousiaste ; cependant on a de
lui un assez grand nombre d'ouvrages remplis d'observations
utiles. Il adopta, ainsi que *Paracelse* et *Basile-Valentin*, un

dont la plupart sont des hommes de la campagne, guérissent également par des attouchemens. On

---

Magnétisme propre à l'économie animale, tel à-peu-près que Mesmer l'a présenté de nos jours. Si Van-Helmont reprocha à Goclenius d'avoir confondu la sympathie avec le Magnétisme animal, que celui-là considérait comme une propriété occulte non prouvée, Goclenius fut convaincu de la nécessité d'émouvoir les sens par des sensations, et non par un acte mental de volonté seulement, dont il sentait l'insuffisance, car dans ses procédés il avait recours à des exorcismes qui consistent à mettre en œuvre des pratiques et un cérémonial qui, sans contredit, agissent sur les sens, et par conséquent sur l'imagination.

5°. VALENTIN (*Basile*). C'est sous ce masque que se cacha un habile chimiste du 16e siècle, que quelques-uns ont présumé être un bénédictin d'Erfurt, mais dont on ignore le vrai nom. Il est auteur de plusieurs ouvrages dont la plupart traitent de la pierre philosophale. Il avait aussi adopté le système d'un Magnétisme propre à l'économie animale, tel à-peu-près que l'a reproduit *Mesmer*. Cette opinion, adoptée par *Goclenius*, fut réfutée par Van-Helmont, qui, en admettant la dénomination de *Magnétisme animal*, traite de vertu occulte non démontrée celle qu'on attribue à ce Magnétisme. On doit remarquer que c'est depuis Mesmer qu'on s'est servi ouvertement du mot de *fluide* pour désigner cette vertu occulte du Magnétisme animal.

6°. GREATREKES (*Valentin*) (on prononce *Grétrix*), gentilhomme irlandais, né à Waterfurt en 1628, mort après 1680. Il se livra de bonne heure à la contemplation, et en contracta si bien le penchant, qu'il ne le quitta jamais entièrement. Une sorte d'inspiration qu'il croyait venir du Saint-Esprit lui fit croire au don de guérir les écrouelles. Des succès lui donnèrent une confiance extrême; et sans entrer dans de plus grands détails sur cet homme singulier, dont plusieurs biographes ont écrit la vie, je dirai que *Greatrekes* entreprit la

les appelle *toucheurs*. Ceux-ci ne connaissent pas
même la dénomination systématique de *Magné-*

---

guérison de toutes sortes de maladies , et qu'il opéra des cures
innombrables et étonnantes. Sa méthode, qui est en partie la
même que celle de nos magnétiseurs, consistait à appliquer sa
main sur la partie malade , et à faire de légères frictions de
haut en bas. Il touchait même ceux qu'on appelait *possédés* ou
obsédés du démon , et parvenait à les calmer. Il eut des partisans
et des détracteurs en grand nombre. On ne remarque dans ses
écrits aucun système sur les procédés qu'il employait. On est
porté à croire qu'il ne connaissait pas le fluide magnétique animal , et on lui prête des opinions qu'il n'est point prouvé avoir
eues. On doit le considérer comme une espèce de crisiaque dont
l'esprit exalté par un certain état nerveux le mettait en état d'agir
sur l'imagination de ceux qu'il voulait guérir. Il lui fut défendu ,
par sentence d'une cour ecclésiastique , de mettre en usage de pareils procédés. Cependant il fut appelé à la cour de Londres , où il
obtint peu de succès. Il en eut davantage dans la ville. On remar-
qua malignement qu'il magnétisait avec plus d'attention les femmes que les hommes ; mais on ne lui reproche pas d'en avoir
abusé. Cette remarque , mal à propos maligne , ne pouvait indiquer qu'une chose très - naturelle , car j'ai observé constamment, dans le Magnétisme mesmérien , que la différence des
sexes entre l'agent et le patient donne toujours plus d'intensité à
l'action magnétique , ou , pour mieux s'exprimer , à l'action réciproque de l'imagination. Il est bien probable que les relations
qui nous sont parvenues sur les cures extraordinaires opérées par
Greatrekes aient été exagérées. Cependant on serait taxé d'ignorance aujourd'hui, si l'on voulait, comme *Saint - Evremont* ,
affecter une incrédulité complète contre le prophète irlandais
(c'est ainsi que cet auteur le nommait). Les progrès des connaissances humaines sur la réalité de certains phénomènes de physiologie et de psycologie démontreraient le ridicule de ceux qui ,

tisme animal, et n'en guérissent pas moins les malades avec succès. Quelques femmes aussi se

---

par ignorance, prétendraient que ces sortes de phénomènes sont tous simulés.

7°. GASSNER (*Jean-Joseph*), né à Pludentz en Souabe, l'an 1727, mort en 1779 à Bondorf, diocèse de Ratisbonne. Gassner embrassa l'état ecclésiastique et fut, en 1758, curé de Klosterle, diocèse de Coire, au pays des Grisons. Après quinze ou seize années d'exercice dans ses modestes fonctions, le bruit se répandit qu'il guérissait toutes sortes de maladies par l'imposition des mains, sans aucun remède et sans rétribution. La renommée proclama qu'il avait guéri une comtesse de Wolsegg, en lui envoyant sa bénédiction. Les malades accoururent à Klosterle de toutes parts, d'abord par centaines, et bientôt par cinq et six cents. Ce début extraordinaire ne fut que le prélude des guérisons sans nombre que cet ecclésiastique opéra par la suite. Sa réputation augmentant de jour en jour, et le pays montagneux qu'il habitait étant de difficile accès pour le public, il obtint de son évêque la permission de s'absenter quelque temps de sa cure. Il parcourut successivement Wolsegg, Weingarten, Ravenspurg, Detlang, Kiragberg, Marspurg, Constance, etc., etc., toujours entouré d'une foule de malades. Il les exorcisait et les guérissait par milliers. Le cardinal-évêque de Constance, soupçonnant que de pareilles guérisons n'étaient dues qu'à la fraude ou aux illusions, fit examiner ce prêtre thaumaturge, en 1774, par le directeur du séminaire. Gassner fit la profession de foi la plus orthodoxe ; il soutint qu'il ne faisait qu'user du pouvoir conféré par l'ordination à tous les prêtres, de chasser les diables qui, disait-il, sont plus souvent la cause de nos maladies. Du reste, il montra la plus grande soumission à ses supérieurs, dont il obtint par-là les suffrages. Cependant il fut d'abord renvoyé à sa cure ; mais le coup était porté ; son enthousiasme produit par un certain état nerveux auquel il était sujet, avait séduit

mélent de guérir par les mêmes moyens, et j'aurai
soin par la suite de publier la relation des exploits

non - seulement le peuple, mais encore plusieurs personnages
d'un rang élevé qui avaient été entraînés par l'admiration que
ce prêtre, d'ailleurs très-désintéressé, inspirait. Il fut rappelé
et reparut avec un plus grand éclat à Ellvang, à Salzbach et
à Ratisbonne, vers le mois de décembre 1774, et continua ses
exploits jusqu'à la fin de 1775. L'affluence extraordinaire des malades qui accouraient de toutes les parties de l'Allemagne, de la
Suisse et même de la France, allait toujours croissant. On y
voyait même des protestans, des juifs. Gassner exorcisait en imposant les mains. Il commençait par faire ce qu'il appelait un
exorcisme probatoire. Si le malade n'éprouvait pas de fortes convulsions ou de violentes crises, la maladie était déclarée naturelle. Mais tant est forte cette loi de la nature qui provoque à
l'imitation, les crises les plus violentes se manifestaient ordinairement parmi les nombreux malades assemblés autour de lui, et
attestaient, disait-il, la présence de l'esprit malin : il procé-
dait alors à une conjuration définitive, et après avoir calmé le
malade, il le renvoyait guéri ou réputé tel. Des hommes peu
instruits se montrèrent d'abord incrédules, et prétendirent que
ces crises, ces obsessions étaient simulées. Gassner, sûr de son
fait, se prêta à toutes les expériences demandées ; l'ascendant
qu'il exerçait sur l'imagination de cette foule de malades presque
tous crisiaques, lui donnait l'assurance de pouvoir varier les
effets qu'il produisait à volonté ; et employant le cérémonial
des exorcismes, c'est-à-dire en invoquant le nom de Dieu, et
supposant toujours la présence du diable dont il paraissait se
jouer, il ordonnait impérieusement au démon de produire
et reproduire à son commandement les variations les plus extrê-
mes et les plus subites dans le pouls du malade qu'il exorcisait,
et des médecins peu instruits parurent stupéfaits des phénomènes
opérés par *Gassner*, et dont ils ne pouvaient rendre raison. Cepen-

des uns et des autres. Il paraît qu'il y a eu de tout
temps de ces *toucheurs* qui , pour la plupart , sont
crisiaques , et l'on sait que cet état nerveux n'en est
que plus favorable pour jouer le rôle de toucheur.
On peut les classer avec nos meilleurs magnétiseurs,
qui sont aussi crisiaques du plus ou du moins, ainsi
que je l'ai bien remarqué. Aujourd'hui on ren‑
contre encore des toucheurs dans les campagnes.
Quoique leurs pouvoirs n'émanent ni de Mes‑
mer , ni de ses disciples, leurs procédés ont
cependant un si grand rapport avec ceux des
magnétiseurs , qu'on doit les considérer comme

---

dant l'exorciste triomphait avec orgueil en défiant hautement
la critique. Il semblait prendre plaisir à varier ses expériences
sur de prétendus obsédés. Je n'entre pas dans les détails des ex‑
ploits très-extraordinaires de Gassner ; on pourra en prendre
connaissance dans les ouvrages imprimés qui en ont rendu
compte. Le nombre de ces ouvrages devint si considérable, qu'on
en a fait une bibliothèque spéciale qui a paru en 1776 sous le titre
de *Bibliothèque magique*. Tous ces ouvrages sont en allemand ,
et je les ferai connaître par extrait dans nos *Archives* , comme
pouvant être utiles au développement et aux progrès de la
science du Magnétisme animal.

Je dois aussi faire mention des deux plus redoutables adver‑
saires qu'aient eus les miracles de Gassner. L'un est le Père Ster‑
zinger , théatin , à Munich. Il se transporta à Ratisbonne pour
assister aux exorcismes de ce prêtre thaumaturge. Il n'y vit
rien qui lui parût bien merveilleux et qu'il ne crût pouvoir
expliquer par quelque principe physique qui pouvait être en‑
core inconnu. Il publia contre ce curé plusieurs écrits. L'autre
savant qui se déclara aussi contre Gassner est le célèbre Mé‑

étant du même genre. Il en est de même des con-
vulsionnaires qui prirent naissance au tombeau de
M. de Pâris, diacre, dont j'ai déjà fait mention
plus haut, pag. 57 et 58. Il s'opérait parmi eux
des guérisons étonnantes; elles furent très-nom-
breuses sur le tombeau du pieux ecclésiastique.
On se rappelle, en outre, les tortures extraordinaires appelées *secours*, que ces convulsion-
naires qui, presque tous, étaient des femmes,
exigeaient, et qu'ils supportaient, ainsi que les
cataleptiques, sans paraître en ressentir la moindre
douleur; ce dont j'ai été souvent témoin, ainsi que

---

decin *Antoine* DE HAEN, né à La Haye en 1704, mort à Vienne
en Autriche en 1776. Ce physiologiste jouissait dans cette
dernière ville d'une grande réputation. Il avait été chargé
par l'impératrice - reine d'examiner de prétendus possédés.
Ayant établi à Vienne un hôpital *ad hoc* pour y suivre de
près leur traitement, il s'était convaincu que ces malheureux
n'étaient que des maniaques affectés de maladies nerveuses.
Quant aux opérations merveilleuses de Gassner, qu'il n'avait
jamais vues, après avoir examiné les procès-verbaux qui lui en
furent communiqués, il en tira des conclusions plutôt en théo-
logien qu'en médecin, en avouant que si plusieurs de ces
effets singuliers ne pouvaient s'expliquer par des causes naturelles, il fallait les regarder comme des opérations diaboliques.
Ce médecin est auteur d'un assez grand nombre d'ouvrages esti-
més, parmi lesquels j'en citerai deux, dont l'un est intitulé
Magiæ Examen, etc., et l'autre, *de Miraculis*, qui ont été réim-
primés à Paris en 1777 et 1778. Ce savant médecin y a classé avec
beaucoup de sagacité une foule de maladies *protéiformes*, vague-
ment désignées sous le nom de *maux de nerfs*.

je l'ai déjà dit, p. 57. Il n'est pas surprenant que de pareils phénomènes, qui certainement n'étaient pas simulés, aient été regardés comme des miracles par des personnes pieuses et crédules, mais sur-tout ignorantes des lois de la nature.

Nous voyons donc qu'il exista, depuis la plus haute antiquité jusqu'à nos jours, une série innombrable, non interrompue, de Thaumaturges (1) qui de tout temps se trouvèrent disséminés dans tous les pays. En se succédant les uns aux autres, ils se produisaient et se reproduisaient, soit *Spontanément*, soit par *Initiation*, soit par *Imitation*. J'ai parlé ailleurs des Thaumaturges produits spontanément ; quant à l'Initiation, elle n'était autre chose qu'un mode d'enseignement qui se communiquait dans les temples par le ministère des prêtres ; mais l'Imitation est une espèce de contagion d'imagination bien réelle qui se communique des uns aux autres. Cette contagion d'imagination est reconnue de tous les plus célèbres physiologistes, et je crois devoir en présenter ici de nouveau la définition d'après l'illustre savant (2) que j'ai déjà cité plus haut, pag. 192. « L'*Imita-* » *tion* est une loi de la nature, reconnue depuis

______

(1) Mot tiré du grec, dont on voit la signification plus haut, pag. 83.

(2) M. le comte Bertholet, pair de France.

» long-temps, qui fait qu'un animal tend à imi-
» ter et à se mettre involontairement dans la
» même position dans laquelle se trouve un autre
» animal qu'il voit ; loi de laquelle les maladies
» convulsives dépendent si souvent. »

Tous ces thaumaturges jouissaient des mêmes facultés physiologiques plus ou moins développées, et produisaient des phénomènes plus ou moins étonnans, miraculeux et incompréhensibles, en raison des secrets de physique peu connus alors, et des circonstances qui tenaient au hasard ou à la supercherie dont ces phénomènes étaient accompagnés. Les pouvoirs de ces thaumaturges dérivaient tous des mêmes principes naturels. Ces crisiaques, qui semblaient des êtres privilégiés, se partageaient dans toutes les sectes et dans toutes les fausses religions ; ils affectaient de se méconnaître les uns les autres, en prétendant, mal-à-propos, avoir une origine différente, plus ou moins parfaite, plus ou moins divine. Chaque fausse religion avait ses thaumaturges, et successivement les chefs de ces religions, ainsi que leurs disciples et leurs sectateurs, en ont tiré parti pour mieux tromper les peuples. Ils présentèrent les miracles de leurs thaumaturges comme des preuves incontestables de la divinité des dogmes et des mystères qui servaient de base à ces mêmes religions. Les vérités que j'expose ici ne conviendront pas sans doute aux hommes superstitieux , ni à ceux qui trouvent leurs intérêts à soumettre le peuple à des opinions superstitieuses ; mais ces vérités n'en sont pas moins sensibles , réelles , et basées sur la raison. C'est ainsi que le développement des connaissances humaines, ainsi que les lumières de la science physiologique doivent servir à nous éclairer pour apprécier avec plus de discernement , à leur juste valeur, tant de phénomènes , tant de merveilles , tant de prétendus miracles qui , de tout temps , en imposèrent à la crédule ignorance , et favorisèrent si souvent l'ambition d'un petit nombre de fanatiques orgueilleux et cruels, avides d'autorité et de richesses.

Dans la série nombreuse des thaumaturges de toutes les classes , de toutes les sectes et de toutes les fausses religions , quelques-uns d'entre eux devinrent plus fameux que les autres , et , secondés par des circonstances particulières , ils obtinrent une réputation colossale. J'en ai précédemment nommé un petit nombre sur lesquels j'ai donné des notices abrégées et curieuses. Le prêtre Gassner, qui s'y trouve mentionné , est le dernier qui , jusqu'à nos jours , se trouve placé au rang des Thaumaturges les plus fameux. Des hommes du peuple le suivaient en foule pour être témoins de prodiges aussi extraordinaires. Lé concours des malades qui se rendirent auprès de lui à Ratisbonne était si grand, qu'on prétend y en avoir vu plus de dix mille campés sous des tentes. De grands seigneurs, des évêques et des princes souverains furent au nombre de ses admirateurs, et la publicité des guérisons vraies ou apparentes qu'il opéra par milliers, lui acquit un grand renom jusque vers l'an 1777. Après avoir fatigué l'admiration des hommes crédules en Europe, il semblait qu'il ne dût être de long-temps remplacé : cependant à peine fut-il mort, en 1779, que le docteur Mesmer parut et obtint à son tour une réputation extraordinaire. Ce médecin était compatriote, contemporain et ami de Gassner, il devint ensuite son détracteur et son rival; mais il ne produisit jamais, à beaucoup près, des prodiges qui pussent approcher de ceux qu'opéra le prêtre allemand. Il joua, il est vrai, un rôle bien différent, et loin d'agir en homme superstitieux, il se présenta comme un savant physiologiste, en annonçant une précieuse découverte qu'il qualifiait de *médecine de la nature*, et qu'il considérait comme devant servir d'auxiliaire à la médecine ordinaire, et même la remplacer pour les maladies qui sont l'écueil de la science des médecins. Je ne partage pas l'opinion de ceux qui lui font un reproche sérieux d'avoir eu l'adresse de se faire payer sa découverte, et d'avoir amélioré son sort en proclamant des vues nouvelles ou renouvelées, mais d'une utilité générale. Mesmer, d'ailleurs, mérita la réputation de bienfaiteur des pauvres, auxquels il accorda souvent des soins désintéressés. Cette réputation l'a suivi jusque dans sa dernière résidence à Marpurg, petite ville sur le lac de Constance, où il mourut vers le commencement de ce siècle. Sa biographie n'est pas encore bien connue, et je me propose d'en donner incessamment une note dans nos *Archives*, et d'y joindre une gravure que j'ai déjà fait exécuter et qui représente son portrait.

Nous devons sans doute de la reconnaissance à Mesmer d'avoir été le premier qui présenta la pratique du Magnétisme animal dégagée des préjugés superstitieux qui dominaient encore dans son siècle. On n'a pas à lui reprocher de croire aux obsessions et à la nécessité de recourir à des exorcismes pour des maladies naturelles et susceptibles d'être guéries ou soulagées par des moyens physiologiques. S'il s'en fût tenu aux théories spécieuses et quelquefois sublimes d'un fluide magnétique universel, on n'aurait pas à lui reprocher peut-être le système d'un fluide particulier dont ses disciples qui, à cet égard, ont été plus loin que leur maître, soutiennent la réalité avec tant d'opiniâtreté et sans administrer une seule preuve de son existence. Malheureusement ils paraissent

tendre vers des opinions superstitieuses que Mesmer, s'il vivait encore, désapprouverait sans doute.
C'est donc de la pratique, et non du système du
Magnétisme dont nous sommes redevables à ce
fameux médecin : chacun aujourd'hui peut s'instruire de cette pratique sans autre enseignement
que la lecture de quelques livres qui ont été
imprimés sur cet objet. Une infinité de magnétiseurs se sont formés d'eux-mêmes avec le seul
secours de ces livres, malgré les erreurs et les
inutilités qui y fourmillent, ainsi que les absurdités qu'on y rencontre. L'art de magnétiser méritera l'épithète flatteuse de *découverte précieuse*,
qu'on lui a décernée, en considérant qu'elle doit
inévitablement se dégager de toutes les erreurs
et de toutes les idées superstitieuses dont les
ignorans et les crédules s'efforcent de l'obscurcir ;
elle deviendra la base d'une science très-impor-
tante, qui nous conduira à mieux connaître les
lois de la nature. Cette découverte, jusqu'à présent accolée à un système hypothétique toujours combattu, toujours rejeté avec mépris par
les physiologistes, est encore entravée, et ses
progrès encore retardés. Les magnétistes, par
leurs folles prétentions, ont attiré sur les procédés du Magnétisme animal un ridicule qui s'effa-
cera difficilement, et qui en a éloigné les savans.

Pour ne plus être en contradiction avec le bon
sens et la raison, tout magnétiseur doit confesser

16

maintenant que la science du Magnétisme animal consiste dans le plus ou moins d'habileté à s'emparer de l'imagination de ceux sur lesquels il veut, par les procédés magnétiques, exercer une influence réciproque. Il faut qu'il abjure sa croyance au prétendu fluide magnétique, dont il a certifié si légèrement la réalité, et dont il a exagéré les effets. Le célèbre *Buffon* a dit : « Telle est la marche
» de l'esprit humain ; lorsqu'il est une fois frappé
» de quelqu'objet singulier, il se plaît à le rendre
» plus singulier encore, en lui attribuant des
» propriétés chimériques et souvent absurdes. »

De tout temps il y eut des hommes qui exercèrent une grande influence sur l'esprit d'autres hommes, et sont parvenus non-seulement à produire des illusions, tels que les miroirs *constellés* dans lesquels on faisait voir des revenans, mais encore à faire éprouver des changemens réels dans le corps de ceux sur lesquels ils exerçaient une action morale, d'où résultaient quelquefois des crises qui produisirent des guérisons. Ainsi, des prestiges et des réalités, combinés ensemble, ont contribué à séduire la crédulité et l'ignorance ; les magnétistes abusèrent de la réalité des guérisons pour exiger la croyance à des prestiges ; ils essayèrent à mettre encore le sceau à cette croyance, en présentant à l'appui de leurs opinions erronées, des certificats signés de personnes faciles, qui ignoraient l'usage qu'on vou-

lait faire de leurs attestations. *Voltaire* disait :
« Je ne crois pas même les témoins oculaires,
» quand ils me disent des choses que le bon
» sens désavoue. » N'a-t-on pas vu aussi des his-
toires de *vampires*, signées et attestées par des certificats authentiques ? Si les magnétistes faisaient
usage de leur simple raison, ils ne proclame-
raient pas avec tant d'assurance des erreurs aussi
manifestes. Ce qui manque le plus à ceux qui
compilent les relations des phénomènes du Magnétisme animal, c'est l'esprit philosophique. Au
lieu de discuter les faits avec une saine critique,
ils ne font qu'entasser des contes souvent ridicules. Si on rougit aujourd'hui pour les généra-
tions précédentes, d'avoir accordé si facilement une croyance aux prestiges de l'ancienne
magie, les magnétistes doivent s'attendre que
leur crédulité actuelle prépare autant de confusion à la postérité. Déjà on est en droit de
leur reprocher des opinions, des dogmes et une
doctrine qui reconduiraient à la croyance aux
esprits, aux sorciers, aux obsessions, et qui feraient de la pratique du Magnétisme animal un
instrument de fanatisme. Cette pratique recevant
une direction aussi pernicieuse, nous ramenerait
insensiblement au point de regarder la superstition
comme très - religieuse, et l'ignorance comme
très-morale. Notre siècle, tel éclairé qu'il puisse
être, ne doit pas rester indifférent lorsque de

16*

telles erreurs semblent vouloir renaître. Les gouvernemens autrefois n'ont montré que trop de tendance à adopter, en religion comme en politique, des croyances absurdes, contraires au droit naturel, au bon sens et à la raison, et à regarder ces mêmes croyances comme d'un grand secours pour établir la stabilité politique de l'Etat. Il faut espérer que le progrès des lumières bannira ce principe faux et si injurieux envers le peuple, qui consiste à regarder comme nécessaire de le tromper et de le maintenir dans l'ignorance pour mieux le gouverner; d'admettre enfin qu'il faille concentrer les richesses, les faveurs, les honneurs et les priviléges, dans un petit nombre d'hommes, afin de pouvoir maîtriser plus facilement la multitude.

On ne me saura pas mauvais gré, sans doute, de faire ressortir sous différens points de vue, le degré d'importance auquel la science du Magnétisme animal doit parvenir lorsqu'elle sera éclairée par les philosophes et les physiologistes les plus habiles. Il faut qu'ils s'instruisent dans la pratique de cette science, qu'ils en revisent tous les ouvrages, pour les purger de toutes les erreurs et de toutes les absurdités qui y abondent, afin de nous en donner un traité philosophique qui, jusqu'à présent, nous manque. C'est alors que nous pourrons, sans courir les risques de retourner à des idées superstitieuses, perfectionner

l'art de produire et reproduire à volonté ces
fameux phénomènes de physiologie et de psycologie observés de tout temps dès la plus haute
antiquité, et qui, jusqu'à nos jours, jouèrent un
si grand rôle et produisirent tant d'événemens
funestes en politique, en religion et en morale. Les
ignorans et les hommes crédules ne seront plus
aussi exposés à être trompés et séduits par les nouveaux thaumaturges qui pourraient encore se présenter sur la scène du monde, et qui voudraient
y jouer des rôles aussi extraordinaires que ceux des
Greatrekes et des Gassner, qui tous deux furent
les derniers thaumaturges les plus fameux qui s'em-
parèrent de l'admiration du stupide vulgaire, sans
compter un assez grand nombre de thaumaturges
secondaires, qui, dans tous les pays, ne cessent encore aujourd'hui de se perpétuer, et la plupart sous
la dénomination de *toucheurs*. Leurs exploits obs-
curs, dont les récits sont bien souvent exagérés, ainsi
que j'ai eu lieu de m'en convaincre, n'attendent
peut-être que des circonstances favorables pour
obtenir une grande célébrité. Je me propose d'en
recueillir, autant qu'il me sera possible, des notices
que je publierai dans nos *Archives*, pour faire connaître ces thaumaturges modernes. Il ne faut pas les
confondre avec nos magnétiseurs qui, cependant,
agissent et opèrent d'après les mêmes principes.
Parmi les thaumaturges dont je viens de parler

je n'en citerai que deux qui existent aujourd'hui : ils ont eu de la réputation ; mais on n'en parle plus. J'ignore s'ils reparaîtront un jour avec éclat, pour jouer un plus grand rôle. Le premier est un certain *comte de Thun*, issu d'une des plus anciennes et illustres familles du Tyrol. Il était à Prague en Bohême, et allait à Carlsbad et dans quelques autres villes pour guérir des malades par *attouchemens*. Les cures qu'il opéra furent nombreuses, et les gazettes de Prague, de Nuremberg et de Bareuth, en rendirent compte de 1805 à 1807. M. le comte de Monts, militaire distingué, qui était sur les lieux, m'a communiqué les notions qui lui en étaient parvenues. J'en attends de plus grands éclaircissemens, que je publierai. Un autre personnage non moins respectable fit aussi parler de lui en 1819 par des cures nombreuses opérées sur des malades qui venaient de toutes parts le consulter. Il devinait et décrivait les maladies, sans interrogations, et seulement en tâtant le pouls. C'était un Curé de Champagne, département de la Marne, qui jouissait de la plus grande considération dans son canton. Cependant quelques médecins et chirurgiens du pays lui intentèrent un procès, parce qu'il avait osé guérir généreusement quantité de malades qui n'avaient pu obtenir de soulagemens à leurs maux par la médecine ordinaire. Les gazettes rendirent compte de ce procès vers la fin de l'année dernière, et je donnerai incessamment, dans nos *Archives*, une notice détaillée sur l'histoire de ce bon Curé.

Il ne faut plus que les phénomènes physiologiques et psycologiques restent le partage exclusif des crisiaques, des illuminés, des inspirés, des esprits faibles, des ignorans, des crédules et des hommes à préjugés et à systèmes; il ne faut plus que de tels phénomènes puissent jamais devenir un auxiliaire du fanatisme et de la tyrannie, entre les mains de ceux qui aiment le pouvoir arbitraire. C'est alors qu'on reconnaîtra le degré d'utilité et d'importance auquel cette science peut parvenir, au physique comme au moral, non-seulement pour le soulagement de l'humanité souffrante, en procurant aux hommes la guérison de leurs maladies, et principalement de celles qui, jusqu'à présent, ont été l'écueil de la médecine ordinaire; mais encore comme devant faire faire un pas de plus à la physiologie, éclairer la métaphysique et reculer les bornes des connaissances humaines.

Pour contribuer à faciliter les moyens de parvenir au but éminent que je viens d'indiquer, j'ai pensé qu'il serait à propos, quant à présent, d'adopter et de mettre à exécution les mesures qui suivent :

1°. Vu la rareté de la plupart des ouvrages imprimés en France sur la science du Magnétisme animal, qui n'existent plus dans le commerce, et qu'on ne retrouve que très-difficilement, il est urgent, dans l'intérêt du développement et de la propagation de cette science, de réimprimer les meilleurs ouvrages sur le Magnétisme : on y comprendrait aussi les écrits sur la même matière qui ont paru en pays étranger. Loin de faire de cette entreprise une spéculation de librairie, il convient, au contraire, dans l'intérêt de la science, de former une *édition compacte* de ces ouvrages à réimprimer ; c'est-à-dire, de les reproduire aux moindres frais possibles, afin de pouvoir les offrir au public au prix le plus modéré.

2°. Pour embrasser tout ce qui peut contribuer au développement de la science du Magnétisme animal, et entretenir des liaisons directes parmi tous les savans et amateurs français et étrangers qui voudraient s'occuper du même objet, il devient nécessaire d'établir plusieurs ouvrages périodiques sur cette nouvelle science, afin d'y déposer les faits, les expériences, les observations, les réflexions, les théories, et même les systèmes que chacun aurait pu produire ou recueillir *pour* et *contre* le Magnétisme animal.

3°. Les mesures proposées dans les deux articles précédens en appellent une autre qui n'est pas moins indispensable : je veux parler de la reconstitution de Sociétés académiques du Magnétisme animal sur de nouvelles bases. Loin d'y exiger une unité de croyance à tel ou tel système, on en bannirait, au contraire, l'intolérance ; chacun aurait la liberté d'y professer telle opinion qu'il jugerait à propos d'adopter sur le Magnétisme : le nombre des associés et le mode de réception seraient fixés par des réglemens. Quiconque réunirait d'ailleurs les qualités sociales requises, y serait reçu indistinctement. On y admettrait de préférence des savans, des physiologistes, et des hommes instruits et sans préjugés, pourvu toutefois qu'ils aient annoncé une volonté bien prononcée de s'occuper de la science du Magnétisme animal, et de contribuer de tous leurs efforts et de tout leur pouvoir au progrès de cette nouvelle science.

Désirant contribuer par moi-même à l'exécution des mesures que je crois nécessaires pour arriver au but important que j'ai indiqué, j'ai mis la main à l'œuvre, et je vais rendre compte de ce que j'ai déjà fait pour tendre vers ce but. Mon intention est d'engager par-là quelques amateurs du Magnétisme animal d'entrer dans les mêmes vues et de seconder mes faibles efforts de leurs conseils, de leurs lumières et de leur appui.

1°. J'avais déjà rassemblé et mis en ordre, dès le commencement de l'année 1818, les matériaux destinés à former le premier volume d'une Collection d'ouvrages anciens et modernes sur le Magnétisme animal : cette entreprise se liait avec la publication d'un Journal périodique sur le même objet, dont je n'ai pu imprimer qu'un premier numéro au mois de juillet de la même année. Les circonstances particulières qui m'ont empêché de continuer ce Journal, ont aussi retardé l'impression du premier volume de la Collection dont je viens de parler.

J'ai repris de nouveau, en 1819, le projet de publier le premier volume de cette Collection; j'en avais déjà fait composer plusieurs feuilles d'impression, lorsque je dus en ajourner encore la continuation, pour des raisons dont il est inutile de rendre compte ici : mais je me propose, avant la fin de la présente année 1820, d'achever ce premier volume, et mon intention est de donner de la suite à cette entreprise déjà commencée.

2°. M'étant enfin déterminé à imprimer et publier le

présent ouvrage périodique, intitulé : ARCHIVES DU MAGNÉ-
TISME ANIMAL, j'en ai déjà fait paraître deux Numéros dans
les mois de *mai* et *juin* de cette année. Le présent Numéro,
qui est le troisième, correspond au mois de *juillet*; et le
quatrième Numéro, qui est également sous presse, sera
distribué au commencement d'*août* : les autres Numéros
se suivront régulièrement, sans retard, de mois en mois,
et il en paraîtra *au moins* douze par année. L'ouvrage sera
divisé par tomes ou volumes, composés chacun de six
Numéros, et terminés par une Table des Matières. Chaque
Numéro sera de six feuilles d'impression au moins. Le prix
de la souscription est provisoirement de 25 francs pour
douze Numéros; mais aussitôt la réunion de trois cents
abonnés auxdites *Archives*, l'abonnement en sera réduit
à 22 francs pour le même nombre de douze Numéros.

Le Prospectus des *Archives du Magnétisme animal* se
distribue chez M. Barrois l'aîné, libraire, rue de Seine,
faubourg Saint-Germain, n° 10, lequel est chargé de
recevoir le prix des abonnemens ; et c'est à lui qu'on doit
s'adresser, franc de port, pour toutes les réclamations
concernant la distribution et l'expédition des livraisons de
cet ouvrage périodique.

J'ai tracé, au commencement de la présente Introduction, page 5, le plan que je me suis proposé de suivre
relativement à l'admission des articles destinés à être imprimés dans nos *Archives* ; j'ajouterai ici l'invitation que
je fais à tout auteur et amateur du Magnétisme animal,
de m'adresser directement, et franc de port, les relations,
les mémoires, les observations, ainsi qu'un exemplaire
des ouvrages qu'ils désireraient faire insérer dans ces
Archives, soit en entier, soit par extrait, soit comme
annonce. Je leur offrirai, en outre, de faire tirer à part,
lorsqu'ils le jugeront à propos, pour leur compte, un certain nombre d'exemplaires des articles qu'ils auraient four-

nis , et avec une dépense d'autant plus modique pour eux,
qu'il n'y aurait pas de frais de *composition* à supporter.

Il paraîtra peut-être superflu d'annoncer ici , que les
auteurs ou possesseurs des écrits dont ils auraient de-
mandé l'insertion dans nos *Archives*, pour y être placés
comme en dépôt, n'en conserveront pas moins la propriété de leurs articles. Ils auront donc la faculté de les
réimprimer comme bon leur semblera ; ils peuvent, à cet
égard, *prendre acte de l'aveu que j'en fais ici*. Les auteurs
de ces nouveaux écrits trouveront, en outre , l'avantage de
publier, sans frais, une première édition de leurs produc-
tions, soit en y mettant leurs noms, soit en y gardant
l'anonyme ; ils profiteront, par-là, des observations et des
critiques même que ces écrits auraient pu faire naître dans
le public. La critique, comme on sait, ne peut qu'être très-
utile aux auteurs raisonnables qui voudraient perfectionner
leurs ouvrages dans une seconde édition.

3°. Quant à la Société du Magnétisme animal à Paris,
qui paraît s'anéantir par des motifs qui ne me sont pas
tout-à-fait inconnus , je fais des vœux pour qu'elle puisse
ranimer son existence : mais parmi les membres qui composent cette Société , je ne suis pas le seul qui désire la
révision de nos réglemens. Sous ce point de vue , j'ai
rédigé plusieurs nouveaux articles réglémentaires, que je
soumettrai volontiers à ceux de nos collègues qui daigneront
en entendre la proposition et en permettre la discussion.

Je crois devoir annoncer ici l'intention dans laquelle
je suis, de demander à la Société , dans sa première
séance, la permission de lui faire l'hommage annuel, d'une
somme pareille à celle qu'elle obtenait sur le débit des
numéros de sa *Bibliothèque* périodique , et dont elle a
abandonné la publication depuis le mois de septembre
1819. La Société prendrait alors un arrêté par lequel les

Membres résidens, qui la composent, ne paieraient de contribution annuelle que la somme de 12 francs au plus. De mon côté, j'accorderai à tous les Membres de la Société la faculté de pouvoir, à un prix modéré, s'abonner à nos *Archives*; savoir, pour les Membres résidens, *à la moitié*; et pour les autres Membres, Associés et Correspondans, tant en France qu'en pays étranger, *aux deux tiers de la souscription*. J'offrirai en outre à la Société un certain nombre d'abonnemens *gratis*, dont elle pourra disposer à son gré.

Nos *Archives*, en obtenant quelque succès, serviront de dot à la Société; tel est du moins mon vœu, et j'en prendrai l'engagement. J'inviterai en conséquence la Société reconstituée, et lorsqu'elle aura accepté mes offres, de nommer dans son sein une commission qui connaîtra des mesures prises pour l'impression desdites *Archives*. Quant au paiement des sommes offertes, la commission s'en entendrait avec le libraire qui est chargé de recevoir le prix des souscriptions.

L'exécution des mesures et l'accomplissement des promesses que je viens de faire connaître, serviront à consolider la Société et à lui procurer une indépendance dont jusqu'à présent elle n'a pas encore joui. Il faut qu'en payant le local de ses séances, de ses propres deniers, la Société puisse dire qu'elle existe par elle-même. Il faut qu'elle ne soit plus exposée à se dissoudre par de petites circonstances particulières. Il faut qu'elle puisse se former une bibliothèque composée de livres concernant le Magnétisme animal. Elle pourrait enfin faire des expériences dans son local, sous les yeux de physiologistes habiles et d'hommes éclairés et sans préjugés, au témoignage desquels on accordera de la confiance.

Le Baron d'Hénin de Cuvillers,

Secrétaire de la Société du
Magnétisme animal, à Paris.